Spring Edition
2019 vol.44

CONTENTS

封面攝影　回里純子
藝術指導　みうらしゅう子

從挑選活潑討喜的布料開始，
享受為隨身布小物、手作包注入靈魂的瞬間！

作品 INDEX

BAG

No.57
P.28・手提側肩袋
作法｜P.101

No.56
P.27・袋中袋
作法｜P.100

No.55
P.26・旅行用波士頓包
作法｜P.99

No.54
P.25・方形後背包
作法｜P.98

No.53
P.24・月牙肩背包
作法｜P.97

No.45
P.18・餐盤食物提袋
作法｜P.92

No.16
P.09・便當袋
作法｜P.77

No.64
P.40・拼接褶襉包
作法｜P.104

No.63
P.39・圓弧托特包
作法｜P.106

No.61
P.38・氣球包
作法｜P.103

No.60
P.37・2 way 托特包
作法｜P.111

No.59
P.36・箱型包
作法｜P.105

No.58
P.29・圓形束口提袋
作法｜P.102

No.75
P.48・手提側肩袋
作法｜P.101

No.71
P.47・袋中袋
作法｜P.100

No.70
P.46・月牙肩背包
作法｜P.97

No.68
P.44・口金手提袋
作法｜P.110

No.67
P.44・束口提袋
作法｜P.109

No.66
P.44・皮革提把托特包
作法｜P.108

No.65
P.41・水桶托特包
作法｜P.107

POUCH

No.04
P.06・立體扇形波奇包
作法｜P.73

No.03
P.06・眼鏡袋
作法｜P.78

No.02
P.06・筆袋
作法｜P.72

No.01
P.06・花瓣束口袋
作法｜P.71

No.77
P.51・水桶包（S）
作法｜P.112

No.76
P.51・水桶包（L）
作法｜P.112

No.25
P.12・口罩收納包
作法｜P.83

No.23
P.11・扇形波奇包
作法｜P.80

No.22
P.11・束口袋
作法｜P.81

No.20
P.10・粽子波奇包
作法｜P.79

No.11
P.08・抓褶波奇包
作法｜P.75

No.07
P.07・圓底波奇包
作法｜P.71

No.40
P.16・彩妝用具收納包
作法｜P.89

No.38
P.15・筆插
作法｜P.80

No.35
P.15・三角飯糰保溫袋
作法｜P.87

No.33
P.14・摺傘套
作法｜P.86

No.32
P.14・雨衣收納袋
作法｜P.86

No.31
P.14・拉鍊錢包
作法｜P.84

No.28
P.12・迷你口金包
作法｜P.76

No.49
P.19・面紙套
作法｜P.93

No.47
P.18・手機袋
作法｜P.88

No.46
P.18・吾妻袋
作法｜P.92

No.44
P.17・蝴蝶結口金包
作法｜P.91

No.43
P.17・彈片口金波奇包
作法｜P.90

No.41
P.16・牙刷袋
作法｜P.90

No.09
P.07・茶杯針插
作法｜P.75

No.08
P.07・附口袋針插
作法｜P.73

No.06
P.07・一字髮夾
作法｜P.73

No.05
P.07・手袋吊飾
作法｜P.83

ZAKKA

No.73
P.48・吾妻袋
作法｜P.92

No.62
P.38・彈片口金波奇包（M・L）
作法｜P.113

No.18
P.10・捲尺
作法｜P.78

No.17
P.10・剪刀套（S・L）
作法｜P.72

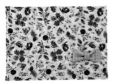

No.15
P.09・餐墊
作法｜P.80

No.14
P.08・方形鍋具隔熱套
作法｜P.84

No.13
P.08・塑膠袋收納包
作法｜P.76

No.12
P.08・玻璃罐針插
作法｜P.77

No.10
P.07・茶壺針插
作法｜P.74

No.29
P.13・小方巾
作法｜P.82

No.27
P.12・口罩
作法｜P.83

No.26
P.12・蝴蝶結髮夾
作法｜P.82

No.24
P.11・手環
作法｜P.81

No.21
P.11・整髮器收納袋
作法｜P.86

No.19
P.10・鞋子針插
作法｜P.79

No.42
P.16・蝴蝶結髮圈
作法｜P.87

No.39
P.16・鍋具隔熱套
作法｜P.88

No.37
P.15・咖啡濾紙收納袋
作法｜P.101

No.36
P.15・餐具收納巾
作法｜P.72

No.34
P.14・滾邊抱枕
作法｜P.85

No.30
P.13・花朵髮夾
作法｜P.89

No.74
P.48・餐具收納巾
作法｜P.72

No.72
P.47・滾邊抱枕
作法｜P.85

No.69
P.44・滾邊抱枕
作法｜P.85

No.51・52
P.22・Natasha娃娃主體
頭髮・服裝
作法｜P.94至96

No.50
P.19・洗衣夾收納袋
作法｜P.93

No.48
P.18・面紙盒套
作法｜P.91

攝影＝回里純子
造型師＝西森 萌

喜迎春天の零碼布巧思50選

你是否也讓捨不得丟棄的零碼布沉睡於家裡的某個角落呢？就這樣擺著不用實在太可惜了。參考以下使零碼布完美重獲新生的創意50選，立刻動手創作吧！

No.02

ITEM｜筆袋
作法｜P.72

接縫於中央的拉鍊，由於可大幅度打開，機能性極佳。只要一拉開拉鍊，袋口就會隨即打開，容易拿取的便利性也是令人欣喜的優點。

表布＝平織布～Tilda（NancyTeal・100152）
裡布＝平織布～Tilda（Solid Sky Teal・120023）
／（有）Scanjap Incorporated
拉鍊＝線圈式樹脂拉鍊（45CFC30-綠色）
／日本鈕釦貿易（株）
鋪棉＝單膠鋪棉（MK-DS-1P）／日本VILENE（株）

No.01

ITEM｜花瓣束口袋
作法｜P.71

只要緊緊拉上束口袋的繩子，看似花瓣的六片袋口布，就會宛如盛開的花朵般綻放開來。在這個期盼春天來臨的季節裡，是絕對不容錯過的應景好物。

黃色・表布＝平織布～Tilda（Nancy Yellow・100150）
裡布＝平織布～Tilda（Solid Pale Yellow・120022）
綠色・表布＝平織布～Tilda（Bonnie Sage・100155）
裡布＝平織布～Tilda（Solid Fern Green・120025）
／（有）Scanjap Incorporated

No.04

ITEM｜立體扇形波奇包
作法｜P.73

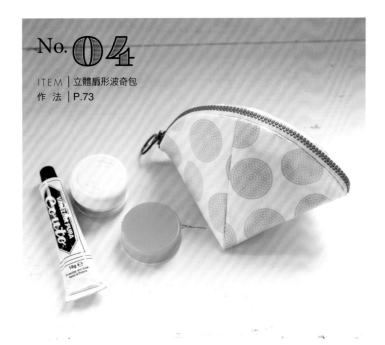

小貝殼造型般可愛的拉鍊波奇包，由於是包夾著鋪棉縫製而成，外觀立體飽滿，且具有穩定感。

表布＝平織布～Tilda
（Dottie Dots Light Blue・130044）
裡布＝平織布～Tilda（Pen Stripe Pink・130031）
／（有）Scanjap Incorporated
鋪棉＝單膠鋪棉（MK-DS-1P）／日本VILENE（株）

No.03

ITEM｜眼鏡袋
作法｜P.78

可將重要的眼鏡妥善包覆的眼鏡袋。因為細心包夾鋪棉縫製而成，作品觸感也十分蓬鬆飽滿。作為飾品盒使用也OK！

表布＝平織布～Tilda（Shirly Blue・100157）
裡布＝平織布～Tilda（Crisscross Light Blue・130041）
配布＝平織布～Tilda（Crisscross Light Blue・130041）
／（有）Scanjap Incorporated
鋪棉＝單膠鋪棉（MK-DS-1P）／日本VILENE（株）

No.06

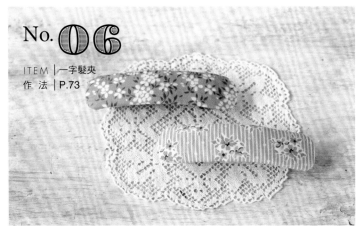

ITEM｜一字髮夾
作法｜P.73

僅以零碼布包覆厚紙板＆黏貼於髮夾五金上，即可輕鬆完成。魅力關鍵在於挑選個人喜愛的小碎花零碼布。

黃色・表布＝平織布～Tilda（Nancy Yellow・100150）
藍色・表布＝平織布～Tilda（Peggy Sage・100153）
／（有）Scanjap Incorporated

No.05

ITEM｜手袋吊飾
作法｜P.83

將零碼布撕成寬0.5cm的細條狀，製作成飾穗。只要使用P.56介紹的流蘇編織器（TASSEL MAKER），即可輕鬆作出美麗的飾穗。

表布＝平織布～Tilda
／（有）Scanjap Incorporated

No.08

ITEM｜附口袋針插
作法｜P.73

將簡單大方的長方形針插墊接縫上口袋，大大提升使用的便利性。可收納小型剪刀或線材，亦可成為隨身攜帶的針線包。

表布＝平織布～Tilda（Shirly Red・100145）
配布＝平織布～Tilda（Billy Jo Red・100142）
／（有）Scanjap Incorporated

No.07

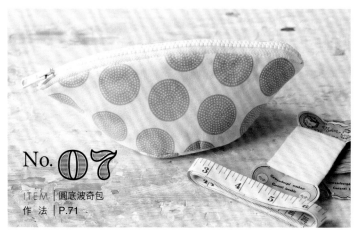

ITEM｜圓底波奇包
作法｜P.71

船形波奇包，圓形底使得袋體的穩定感相當出色。只要一拉開拉鍊，包口就大大地敞開，因此內容物一目瞭然，且易於拿取。

表布＝平織布～Tilda（Dottie Dots Grey・130045）
裡布＝平織布～Tilda
（Crisscross Grey・130042Crisscross Grey）
／（有）Scanjap Incorporated
鋪棉＝單膠鋪棉（MK-DS-1P）
／日本VILENE（株）

No.10

ITEM｜茶壺針插
作法｜P.74

強力推薦！一定要搭配作品No.09茶杯針插，成套製作這款茶壺造型針插喔！作出漂亮型體的祕訣在於多塞一點棉花。

表布＝平織布～Tilda（Peggy Sage・100153）
配布＝平織布～Tilda（Pearls Yellow・130022）
／（有）Scanjap Incorporated

No.09

ITEM｜茶杯針插
作法｜P.75

以保特瓶蓋作為茶杯的基底，並利用包釦組件製作托盤。製作2至3組一起陳列擺飾，樂趣更加倍唷！

黃色・表布A＝平織布～Tilda（Sue Mustard・100147）
　　　表布B＝平織布～Tilda（Billy Jo Yellow・100146）
　　　表布C＝平織布～Tilda（Nancy Yellow・100150）
綠色・表布A＝平織布～Tilda（Bonnie Sage・100155）
　　　表布B＝平織布～Tilda（Billy Jo Yellow・100146）
　　　表布C＝平織布～Tilda（NancyTeal・100152）
／（有）Scanjap Incorporated

No.12

ITEM｜玻璃罐針插
作法｜P.77

將大流行的「梅森瓶」重新改造，裝上針插墊吧！瓶內可以收納線材、鈕釦或緞帶等裁縫小物。

右・表布＝Cotton～Nathalie Lété（Forest）
左・表布＝Cotton～Nathalie Lété（My garden navy）
／株式会社decollections

No.11

ITEM｜抓褶波奇包
作法｜P.75

從褶襉中隱約露出的條紋花樣，展現出時尚玩心的波奇包。抓褶的設計使容量大幅提升，且在裝入內容物時，更能突顯出包型的趣味。

表布＝Cotton～Nathalie Lété（My garden navy）
／株式会社decollections

No.14

ITEM｜方形鍋具隔熱套
作法｜P.84

可將手指伸入三角形口袋中，方便使用的鍋具隔熱套。造型設計簡單，建議選擇明亮色彩花紋的布料，將使料理時光更加有趣。

表布＝Cotton～Nathalie Lété（Forest）
裡布＝半亞麻布（Neutral colors-cross stripe）
／株式会社decollections
鋪棉＝單膠鋪棉（MK-DS-1P）／日本VILENE（株）

No.13

ITEM｜塑膠袋收納包
作法｜P.76

總是不知不覺就囤積了大量的塑膠袋……如果有一個統一集中收納，可從上面放入，下方取出的儲存袋，廚房也會變得井然有序吧！由於袋口為鋁框口金，開關輕鬆又便利。

表布A＝棉質牛津布～Nathalie Lété（Squirrel）
表布B＝半亞麻布（Neutral colors-cross stripe）
／株式会社decollections
薄接著襯＝接著布襯～Owls Mama（AM-W2）
／日本VILENE（株）

No.16

ITEM｜便當袋
作 法｜P.77

如紙袋造型般的摺疊提袋。
可配合裝入的內容物尺寸，
調整中央處附有插釦的繩帶
來改變尺寸大小，非常便利
好用。

表布A＝棉質牛津布～Nathalie Lété（Deer Hayes）
表布B＝棉布（WALK THROUGH THE FORSET-honey）
／株式会社decollections
厚接著襯＝接著布襯～Owls Mama（AM-W4）
中薄接著襯＝接著布襯～Owls Mama（AM-W3）
／日本VILENE（株）

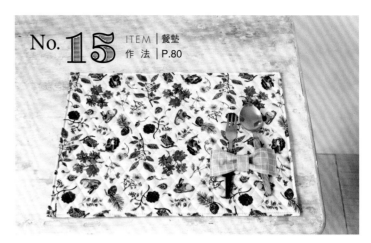

No.15

ITEM｜餐墊
作法｜P.80

使用壓棉布的餐墊，擺放食器
時不易發出聲響為其優點。安
置餐具的蝴蝶結固定片為重點
裝飾。

表布＝壓棉布～Nathalie Lété（Forest）
裡布＝半亞麻布（Neutral colors-cross stripe）
／株式会社decollections

鋁框口金的安裝方法

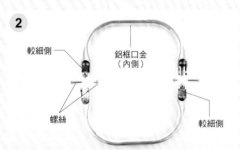

2 取下另一側螺絲後，將鋁框口金進行拆解。

較細側
鋁框口金（內側）
螺絲
較細側

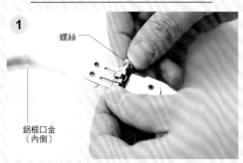

1 鬆開＆取下連接處的螺絲。

螺絲
鋁框口金（內側）

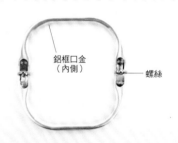

鋁框口金（鋁框醫生包口金）：開口大，只需ONE TOUCH即可輕鬆關閉。

鋁框口金（內側）
螺絲

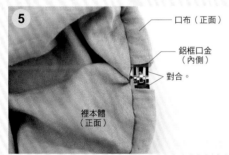

5 使口金連接處筆直地對合。

口布（正面）
鋁框口金（內側）
對合。
裡本體（正面）

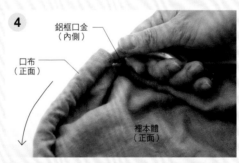

4 穿入口布之中。另一側的鋁框口金也以相同方式穿入。

鋁框口金（內側）
口布（正面）
裡本體（正面）

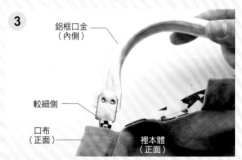

3 鋁框口金內側面朝上，再由裡本體側將口金較細側裝入口布內。

鋁框口金（內側）
較細側
口布（正面）
裡本體（正面）

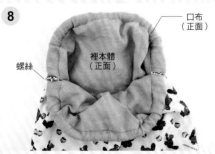

8 另一側也以相同作法鎖緊螺絲，接合鋁框口金。

口布（正面）
裡本體（正面）
螺絲

7 由內側裝入短螺絲後，鎖緊螺絲。

口布（正面）
短螺絲
長螺絲

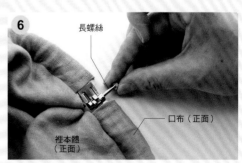

6 由連接處的外側裝入長螺絲。

長螺絲
口布（正面）
裡本體（正面）

No.18

ITEM｜捲尺
作法｜P.78

將均一價商店購買的捲尺疊放
上鋪棉，並以零碼布包覆＆添
加裝飾，改造成馬卡龍風的捲
尺。繫於捲尺前端的飾穗也是
特色焦點喔！

上・表布＝平紋精梳棉布～ART GALLERY FABRICS
　（Cultivated・GTH-47510）
下・表布＝平紋精梳棉布～ART GALLERY FABRICS
　（Verdure Field・GTH-37508）
／ART GALLERY FABRICS JAPAN
　（ぬくもりの色株式会社）

No.17

ITEM｜剪刀套
作法｜P.72

如可麗餅般將扇形布包捲成形
的剪刀套，並縫上裝飾鈕釦呼
應作品主題。建議可製作大小
不一的尺寸。

S・表布＝平紋精梳棉布～ART GALLERY FABRICS
　（Simple Living・GTH-37509）
　裡布＝平紋精梳棉布～ART GALLERY FABRICS
　（Bristling Balmy・GTH-47501）
L・表布＝平紋精梳棉布～ART GALLERY FABRICS
　（Foraged Garland Golden・GTH-47500）
　裡布＝平紋精梳棉布～ART GALLERY FABRICS
　（Always & Always Thyme・GTH-37503）
／ART GALLERY FABRICS JAPAN（ぬくもりの色株式会社）
鋪棉＝單膠鋪棉布（MK-DS-1P）／日本VILENE（株）

No.20

ITEM｜粽子波奇包
作法｜P.79

尺寸雖小，卻相當具有存在感
的粽子波奇包。造型可愛，邊
長8cm的手掌大小，可作為飾
品或鑰匙等小物品的隨身收納
包。

表布＝平紋精梳棉布～ART GALLERY FABRICS
　（Verdure Spruce・GTH-47508）
配布＝平紋精梳棉布～ART GALLERY FABRICS
　（Aerial Clay・GTH-37506）
／ART GALLERY FABRICS JAPAN（ぬくもりの色株式会社）

No.19

ITEM｜鞋子針插
作法｜P.79

以嬰兒鞋為主題的針插墊。擺
放在裁縫桌上，心情就能瞬間
溫暖融化。作為禮物送人也
OK！

表布＝平紋精梳棉布～ART GALLERY FABRICS
　（Cultivated・GHT-47510）
／ART GALLERY FABRICS JAPAN（ぬくもりの色株
式会社）

No.22

ITEM｜束口袋
作法｜P.81

No.21

ITEM｜整髮器收納袋
作法｜P.86

諸如旅行等時候，想要迅速收納貴重物品時，十分方便好用的袋子。因為是一片布縫製而成，不使用時可摺得小小的，完全不占空間。

表布＝平紋精梳棉布～ART GALLERY FABRICS
（Floret Roost Delight・GTH-47507）
／ART GALLERY FABRICS JAPAN（ぬくもりの色株式会社）

體積大且容易占空間的整髮器，只要備有這款專用收納袋，問題就能迎刃而解。不僅旅行時攜帶方便，也是家中的收納好幫手。

表布＝平紋精梳棉布～ART GALLERY FABRICS
（Foraged Garland Peony・GTH-37500）
裡布＝平紋精梳棉布～ART GALLERY FABRICS
（Simple Living・GTH-37509・）
配布＝平紋精梳棉布～ART GALLERY FABRICS
（Always&Always Luminance metallic・GTH-47503）
／ART GALLERY FABRICS JAPAN（ぬくもりの色株式会社）
鋪棉＝單膠鋪棉（MK-DS-1P）／日本VILENE（株）

No.24

ITEM｜手環
作法｜P.81

No.23

ITEM｜扇形波奇包
作法｜P.80

於2cm寬的斜布條裡穿入細圓繩製作而成的布手環。由於配戴的感覺輕盈舒適，因此也推薦給不喜歡配戴飾品的人。

綠色・表布＝平紋精梳棉布～ART GALLERY FABRICS
（Verdure Spruce・GTH-47508）
胭脂紅・表布＝平紋精梳棉布～ART GALLERY FABRICS
（Sweet Harvest Rare・GTH-47505）
配布共通＝平紋精梳棉布～ART GALLERY FABRICS
（Aerial Blush・GTH-47506）
／ART GALLERY FABRICS JAPAN
（ぬくもりの色株式会社）

使用10cm拉鍊的扇形波奇包。可裝入零錢、鑰匙、小飾品等，多作幾個將會非常方便，特別推薦用來消耗零碼布。

灰色・表布＝平紋精梳棉布～ART GALLERY FABRICS
（Unruly Terrace Shade・GTH-47502）
裡布＝平紋精梳棉布～ART GALLERY FABRICS
（Bristling Balmy・GTH-47501）
卡其色・表布＝平紋精梳棉布～ART GALLERY FABRICS
（Unruly Terrace Earth・GTH-37502）
裡布＝平紋精梳棉布～ART GALLERY FABRICS
（Bristling Delicate・GTH-37501）
／ART GALLERY FABRICS JAPAN（ぬくもりの色株式会社）
鋪棉＝單膠鋪棉（MK-DS-1P）／日本VILENE（株）

No.26

ITEM │ 蝴蝶結髮夾
作法 │ P.82

中央處繫緊打結,作成流行時尚的蝴蝶結造型。除了作為髮夾之外,固定在小女孩風的髮箍上,也相當可愛。

藍色·表布＝AIRYCOTTO～LIBERTY印花布
（Wiltshire·3339009-J18C）
粉紅色·表布＝AIRYCOTTO～LIBERTY印花布
（Wiltshire·3339009-J18A）
／（株）MERCI

No.25

ITEM │ 口罩收納包
作法 │ P.83

為花粉季作好準備吧!若備有口罩專用收納包,就能避免口罩弄髒,也不會發生放在包包內扭曲變形的情況。容易取放的L型口金也是特別設計的製作重點。

表布＝11號帆布～LIBERTY印花布
（Irma·3633182DC）
裡布＝棉麻布～LIBERTY印花布
（Phoebe·3630102DE）／（株）MERCI
接著襯＝接著布襯～厚型（AM-W4）
／日本VILENE（株）

No.28

ITEM │ 迷你口金包
作法 │ P.76

就算是小小片的零碼布,只要花樣惹人喜愛,就讓人捨不得丟棄。不妨試著與素色布料進行接縫,製作成迷你口金包吧!當作禮物送人也頗受歡迎哩!

右·表布＝細棉布～LIBERTY印花布
（Alice W·3635152-J18E）
左·表布＝細棉布～LIBERTY印花布
（Pampa·2222101-S82C）
／（株）MERCI
鋪棉＝單膠鋪棉（MK-DS-1P）／日本VILENE（株）

No.27

ITEM │ 口罩
作法 │ P.83

手邊若有純棉紗布,強力推薦製作成口罩!褶襉的設計,能使口罩更加服貼於臉上。使用口罩專用鬆緊繩,穿戴感也會加倍柔軟舒適。

粉紅色·表布＝雙層紗布～LIBERTY印花布
（Meadow·3636038-J18AG）
藍色·表布＝雙層紗布～LIBERTY印花布
（Meadow·3636038-J18CG）
／（株）MERCI

No.30

ITEM｜花朵髮夾
作法｜P.89

No.29

ITEM｜小方巾
作法｜P.82

推薦使用細麻布等較薄的布料,只需少許零碎布料即可輕鬆製作。可接在髮圈上或作成胸針等,發揮個人創意玩出更多變化。

黃色・表布＝棉麻布～LIBERTY印花布
（Claire-Aude・3332022TE）
粉紅色・表布＝棉麻布～LIBERTY印花布
（Pampa・2222101-S82A）
／（株）MERCI

於市售的毛巾手帕上,以零碼布進行貼布縫。為了凸顯出重點圖案,祕訣在於儘可能地挑選素雅的布料。

粉紅色・表布＝棉麻布～LIBERTY印花布
（Felicite・3637113S-J16D）
藍色・表布＝棉麻布～LIBERTY印花布
（Pampa・2222101-S82C）
／（株）MERCI
雙膠接著襯＝奇異襯～Owls Mama（AM-MF30）
／日本VILENE（株）

L型口金（口金溝槽位於外側的類型）的安裝方法

讓作業事半功倍的口金專用器具

口金專用加工鉗:
由於鉗嘴部分是以樹脂製成,因此就算不使用擋布隔開也不會損傷口金。

口金專用填縫夾:
可輕易地將紙繩塞入口金溝槽內。

口金專用填縫刀:
方便將本體與紙繩塞入口金溝槽內時的精密作業。

口金專用加工鉗　　口金專用填縫夾　　口金專用填縫刀

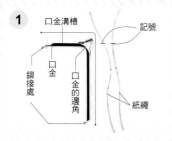

1

對齊口金的鉚接處至鉚接處的長度,裁剪2條紙繩,並對準口金的邊角,於紙繩上作記號。屬於溝槽在外側的口金類型。

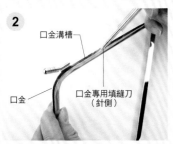

2

以口金專用填縫刀的針側(或是牙籤)於口金溝槽中塗入白膠。為免作業進行中白膠乾涸,請務必分次塗抹,一次僅塗抹單側口金並快速完成安裝作業。

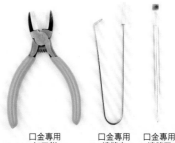

3

對齊口金的邊角與本體的合印記號,並將鉚接處與本體的開口止點對齊後,以口金專用填縫刀的針側(或錐子),由外側將本體布邊0.5cm塞入口金的溝槽內,開口止點處則自然順接地斜摺進去。

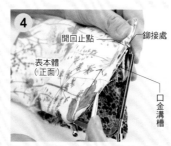

4

另一側亦朝向鉚接處,以相同方式塞入。

5

將紙繩記號對齊口金的邊角,並以口金專用填縫刀的針側(或錐子)塞進去。

6

另一側亦以相同方式塞入。

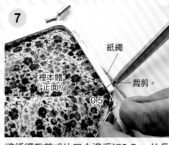

7

將紙繩裁剪成比口金邊框短0.5cm的長度。另一側亦以相同方式進行裁剪。

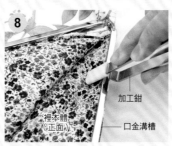

8

以填縫夾(或錐子)將紙繩再次全面性地塞進去。

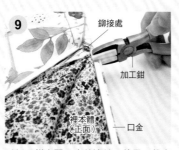

9

以加工鉗夾緊口金的邊端。使用一般老虎鉗的時候,為了避免傷到口金,請包夾著擋布使用。另一側亦以相同方式夾緊。

10

另一邊也以步驟2至9的方式安裝。完成外表看不見口金框的作品。

No.32

ITEM｜雨衣收納袋
作 法｜P.86

要把淋得濕答答的雨衣收入包包裡，肯定得費相當大的功夫。但如果有一個內側縫有魔布（纖維布）的收納波奇包，強大的吸水效果肯定令人期待。

表布＝平織布
～COTTON＋STEEL
（AB8004-05）
／COTTON＋STEEL

No.31

ITEM｜拉鍊錢包
作 法｜P.84

拉鍊波奇包樣式的錢包，拉鍊呈L形縫製，完美滿足容易取放的需求。內側也有夾層設計，方便收納卡片。

表布＝平織布～COTTON＋STEEL（AB8000-02）
裡布＝平織布～COTTON＋STEEL（AB8022-001）
／COTTON＋STEEL
表布用厚接著襯＝接著布襯～Owls Mama（AM-W4）
零錢口袋用薄接著襯＝接著布襯～Owls Mama
（AM-W2）／日本VILENE（株）

No.34

ITEM｜滾邊抱枕
作 法｜P.85

在居家擺飾的特色點綴上，以喜愛的布料製作的抱枕是絕對少不了的單品。藉由包夾包繩的縫製細節，大幅提昇了成品的精緻度。

直條紋花朵·表布＝棉麻帆布～COTTON＋STEEL
（AB8067-022）
大花朵圖案·表布＝棉麻帆布～COTTON＋STEEL
（AB8066022）
／COTTON＋STEEL

No.33

ITEM｜摺傘套
作 法｜P.86

與作品No.32相同，魔布（纖維布）內裡的款式，可迅速吸附傘面上的雨滴。只要將拉鍊全部拉開，就能展平傘套，方便晾曬。

表布＝平織布～COTTON＋STEEL（AB8028-01）
／COTTON＋STEEL

No.36

ITEM｜餐具收納巾
作法｜P.72

雖然只是簡單的三角巾，但邊
端可配合叉子、湯匙等內容物
包裹起來，因此使用上意外地
方便，正反兩面皆可使用。

表布＝棉麻帆布〜COTTON＋STEEL（AB8067012）
裡布＝平織布〜COTTON＋STEEL（0049-003）
／COTTON＋STEEL

No.35

ITEM｜三角飯糰保溫袋
作法｜P.87

可放入2至3個御飯糰的專用
袋。透過內層縫製保溫保冷內
襯的設計，亦可強化袋型不
變。袋蓋則利用魔鬼氈固定。

表布＝棉麻帆布〜COTTON＋STEEL（AB8027-12）
／COTTON＋STEEL

No.38

ITEM｜筆插
作法｜P.80

使用布耳縫製而成的筆插袋。
約可收納1枝鋼珠筆或2枝鉛
筆，因為附有活動勾，所以也
可以掛在包包上隨身攜帶。

表布＝COTTON＋STEEL布耳
／COTTON＋STEEL

No.37

ITEM｜咖啡濾紙收納袋
作法｜P.101

可吊掛於廚房一角，相當便利
的咖啡濾紙收納袋。為了預防
變形，縫製重點在於挑選質地
較硬的布襯。

表布＝平織布〜COTTON＋STEEL（AB8018-02）
裡布＝平織布〜COTTON＋STEEL（1948-002）
／COTTON＋STEEL
厚接著襯＝接著布襯〜Owls Mama（AM-W4）
／日本VILENE（株）

No.40

ITEM｜彩妝用具收納包
作 法｜P.89

可以將彩妝刷與化妝品分類收納的用品收納包。或轉念開發新用途，用來收納編織針等小物也不錯。隨心所欲自由使用吧！

表布＝平織布～ATELIER BRUNETTE（Garance）／L'etoffe
中薄接著襯＝接著布襯～Owls Mama（AM-W3）／日本VILENE（株）

No.39

ITEM｜鍋具隔熱套
作 法｜P.88

用於包覆把手的鍋具隔熱套。利用滾邊布將周圍進行收邊處理，形成點綴特色。製作兩個以上備用，使用雙耳鍋時也能派上用場，堪稱廚房必備單品。

表布＝平織布～ATELIER BRUNETTE（cuicui）／L'etoffe
鋪棉＝單膠鋪棉（MK-DS-1P）／日本VILENE（株）

No.42

ITEM｜蝴蝶結髮圈
作 法｜P.87

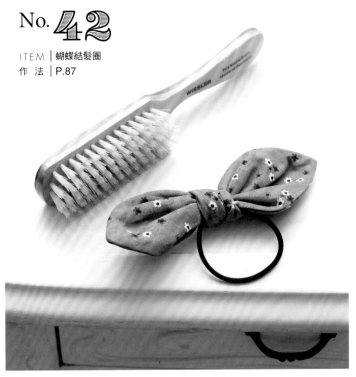

緊緊繫成的可愛蝴蝶結髮圈，適合使用無彈性的柔軟棉質布料。當作小禮物送人也相當受歡迎。

表布＝平織布～ATELIER BRUNETTE（Ne marchez pas sur les fleur）／L'etoffe
鋪棉＝單膠鋪棉（MK-DS-1P）／日本VILENE（株）

No.41

ITEM｜牙刷袋
作 法｜P.90

雖是簡單的附蓋收納袋，但除了牙刷之外，當然也可以放入幾枝筆，作為筆袋使用。

表布＝細麻布～ATELIER BRUNETTE（bye bye bird・海軍藍）／L'etoffe
薄接著襯＝接著布襯～Owls Mama（AM-W2）／日本VILENE（株）

No. 44

ITEM｜蝴蝶結口金包
作　法｜P.91

加上小巧可愛的蝴蝶結，點綴
出特色魅力的口金波奇包。由
於包體加入側身設計，超乎想
像的收納能力也是魅力所在。

表布＝細麻布～ATELIER BRUNETTE（Angèle）
／L'etoffe
口金＝單吊耳・方形塞入式口金（SK20-AG）
／日本紐釦貿易（株）
本體用・鋪棉＝單膠鋪棉（MK-DS-1P）
蝴蝶結・厚接著襯＝接著布襯～Owls Mama
（AM-W4）／日本VILENE（株）

No. 43

ITEM｜彈片口金波奇包
作　法｜P.90

利用彈片口金，可輕鬆開關的
眼鏡盒。由於附有摺疊式的側
身設計，因此亦可直立擺放。

表布＝平織布～ATELIER BRUNETTE（couvre toi bien）
／L'etoffe

口金的安裝方法

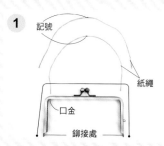

1

對齊口金的鉚接處至鉚接處的長度，
裁剪2條紙繩，並於紙繩中心作記號。
（口金專用器具參見P.13）

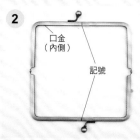

2

於口金內側黏貼上紙膠帶等，並於其上
方，以奇異筆畫上中心記號。

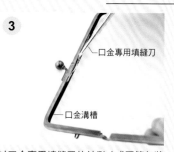

3

以口金專用填縫刀的針側（或牙籤）將
口金溝槽塗入白膠。為免作業進行中白
膠乾涸，請務必分次塗抹，一次僅塗抹
單側口金並快速完成安裝作業。

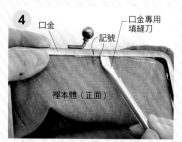

4

於裡本體上亦添加中心的記號，並與口
金的中心對齊後，以口金專用填縫刀
（或一字型螺絲起子），將本體塞入口
金的溝槽內。

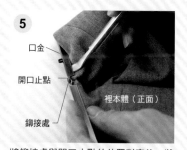

5

將鉚接處與開口止點的位置對齊後，將
本體塞入口金溝槽內。

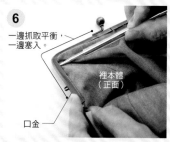

6

於中心至鉚接處之間，一邊抓取平衡，
一邊將本體塞入口金溝槽內。邊角不易
塞入的部分可使用口金專用填縫刀的針
側（或錐子）輔助。另一側亦以步驟 5
至 6 的相同方式塞入。

7

將紙繩的中心與口金的中心對齊後，以
口金專用填縫刀或一字型螺絲起子將紙
繩由中心往左右兩邊塞入口金溝槽內。

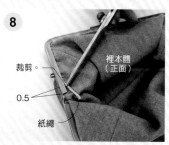

8

塞至接近口金的邊端時，將紙繩裁剪成
比口金再短0.5cm的長度。另一側亦以
相同方式進行裁剪。

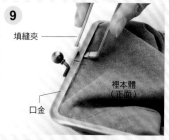

9

以填縫夾將紙繩再次全面性地塞入溝槽
內。

10

以手指輕輕地將本體左右壓平，使整體
看起來更為一體化。

11

以加工鉗夾緊口金的邊端。使用一般老
虎鉗的時候，為了避免傷到口金，請包
夾著擋布使用。另一側亦以相同方式夾
緊。

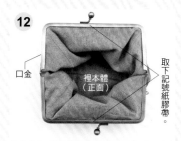

12

另外一邊亦以步驟 3 至 11 的相同方式安
裝。完成後，取下口金框中心記號的紙
膠帶。

No. 46

ITEM｜吾妻袋
作法｜P.92

尺寸正好適合放入餐盒大小的吾妻袋。正反兩面皆可使用，也是令人開心的設計。

表布＝棉麻帆布～う早この布
（Doughnut・UP5666-A）
／小林纖維株式会社

No. 45

ITEM｜餐盤食物提袋
作法｜P.92

在自備菜餚的派對上特別活躍，可以直接裝入餐盤帶著走的隨身袋。使用完畢後，可摺疊成小方片狀也是其魅力所在。

表布＝棉質帆布
～う早この布
（WDot・UP5668-B）
／小林纖維株式会社

No. 48

ITEM｜面紙盒套
作法｜P.91

可完美裝入盒裝面紙的盒套。包捲兩側脇邊縫製的緣飾布是特別吸睛的點綴色。

表布A＝棉麻帆布～う早この布（UP5646-C）
／小林纖維株式会社

No. 47

ITEM｜手機袋
作法｜P.88

外口袋除了可收納耳機，放入卡片等小物也OK。可以掛在手袋提把等處，附有活動勾的提把也令人相當滿意。

配布＝棉質帆布～う早この布（Miffy・UP5665-D）
／小林纖維株式会社
薄接著襯＝接著布襯～Owls Mama（AM-W2）
／日本VILENE（株）

No.50

ITEM｜洗衣夾收納袋
作法｜P.93

可將洗衣夾痛快地隨意丟入的收納袋。套在市售的衣架上，就能直接掛在曬衣桿上，非常方便使用。

表布＝棉麻帆布～う早この布
（陶瓷藍・UP5555-A）
／小林纖維株式会社

No.49

ITEM｜面紙套
作法｜P.93

可直接將盒裝面紙內的面紙取出後，放入面紙套內。對摺收納後變得更加小巧精簡，外出時放在包包內也不占空間。

表布A＝棉麻帆布
～う早この布
（樹葉・UP5648-C）
／小林纖維株式会社

斜布條（滾邊用）

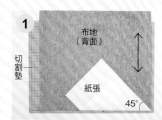

1

布地（背面）

切割墊

紙張

45°

使布紋呈縱直方向，將布料置於切割墊上方。將影印紙等的邊角對摺，對齊布紋置放，以此計算45°角。

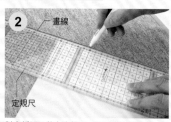

2

畫線

定規尺

對齊紙張，放上定規尺，再以粉土筆畫線。可依此畫出45°角的線。

3

平行畫線。

定規　輪刀

平行步驟 **2** 的直線，依想要製作的尺寸×4的寬幅畫線（若是1cm寬的滾邊條，即4cm寬），再以輪刀沿著直線進行裁切。

4

斜布條（正面）

斜布條裁剪完成。

斜布條的併接

5

中央稍微保留些微縫隙。

摺疊

斜布條（正面）

對齊中心，以熨斗燙摺。中央稍微保留些微縫隙地進行熨燙。

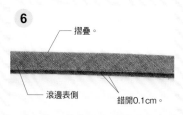

6

摺疊。

滾邊表側　錯開0.1cm。

斜布條錯開0.1cm的間距進行對摺，並以熨斗燙摺。寬幅較窄側當作飾邊的表側。

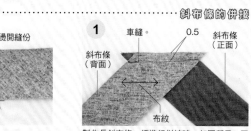

1

車縫。　0.5　斜布條（正面）

斜布條（背面）

布紋

製作長斜布條，須進行併接時，如圖所示，正面相對疊合，以0.5cm的縫份縫合。

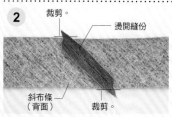

2

裁剪。

燙開縫份

斜布條（正面）　裁剪。

燙開縫份，修剪外露的縫份。

背面的收邊處理（車縫）

1

車縫。　0.2

（正面）

（背面）

一邊看著正面，一邊以縫紉機車縫。由於背面側的斜布條為0.1cm寬，因此可避免留下針趾痕跡地進行縫合。

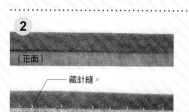

2

（正面）

藏針縫。

（背面）

以手縫的方式將背面側的斜布條進行藏針縫，使正面側看不見任何針趾。

滾邊的作法

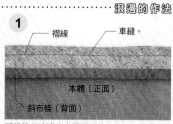

1

褶線　車縫。

本體（正面）

斜布條（背面）

預備進行滾邊的本體不須外加縫份，直接作原寸裁剪即可。將滾邊條錯開0.1cm摺疊好後，打開斜布條，對齊寬幅較窄側的布端，以縫紉機沿著褶線車縫固定。

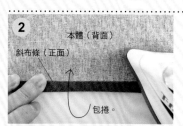

2

本體（背面）

斜布條（正面）

包捲。

以斜布條包捲布邊，並以熨斗燙壓。由於背面側布條較寬0.1cm，因此可以遮住步驟①中接縫時的針趾。

圓弧處的滾邊

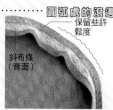

保留些許鬆度。

斜布條（背面）

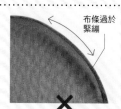

布條過於緊繃

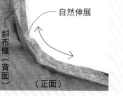

（正面）

● 外弧邊的縫法

一般而言，接縫外弧邊時，斜布條會因繃緊而往上捲。處理圓弧邊時，請一邊於斜布條上保留些許鬆度，一邊進行縫合。

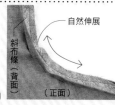

斜布條（背面）

自然伸展

斜布條（背面）

（正面）

布條超出範圍

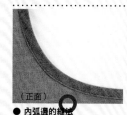

（正面）

● 內弧邊的縫法

一般而言，接縫內弧邊，斜布條容易超出範圍，無法縫製出美麗的弧線。弧邊的部分請以伸展斜布條的感覺進行接縫。

布作の童夢世界：
令人深深著迷の手作人形偶

獨特的氣質表情、鄉村風的精緻造型，

每一件人形偶都像擁有自己的秘密故事般地惹人愛憐。

從人形偶主體的製作、充棉＆身體組件的接連、

頭髮造型＆臉部表情呈現，到衣服的縫製＆接縫，

跟著詳細圖解＆重點提領，慢慢地一針一線縫製出專屬於你的可愛人形偶吧！

米山 MARI の手縫可愛人形偶

米山 MARI ◎著

平裝／56 頁／19×26cm

彩色＋單色／定價 350 元

以各式休閒服、禮服、鞋子、包包……共約80種的服飾配件，愉快地充實NINA的時尚衣櫃吧！

NINA 娃娃愛打扮！

HOBBYRA HOBBYRE ╳ My Doll Friend

NINA娃娃の服裝設計80⁺

獻給娃媽們──
享受換裝、造型、扮演故事的手作遊戲
HOBBYRA HOBBYRE◎著
平裝／80頁／21×26cm
彩色／定價380元

人氣連載～福田とし子handmade
專欄，自本期開始將進入全新企
畫。本次的單元名稱為「享受換
裝樂趣の布娃娃Natashaの春天信
息」。透過為期一年的時間，將為
你介紹Natasha娃娃的時尚穿搭。

享受換裝樂趣の布娃娃 Natashaの春天信息
～福田とし子 handmade ～

攝影＝回里純子　造型師＝西森 萌

NO.51 ITEM｜Natasha娃娃主體
作法｜P.94

NO.52 ITEM｜頭髮・服裝
作法｜P.95至P.96

profile

福田とし子老師

手藝設計師。個人作品收錄於多本以刺繡、針
織、布小物為主題的手作書。作品簡單且設計時
尚，獲得不少粉絲的喜愛。本期P.60特別報導
了福田老師的工作室～handmade現場，精彩可
期，絕不能錯過喔！
http://www.geocities.jp/pintactac/

緣起於福田老師個人喜愛手縫布娃娃，因而誕生了全長約23.5cm，有
著苗條纖細身軀的栗髮布娃娃Natasha。Natasha的衣櫥裡永遠都擺滿
了流行配件。今年春天的最愛穿搭，就是刺繡連身裙外加貝雷帽。摘幾
朵小花放入皮革製的水桶包裡，一起走吧——出門找尋春天的蹤影囉！

娃娃主體為各期通用♪

BODY　　HAT　　SHOES　　BAG

SOCKS　　DRESS

藍眼睛的Natasha，一抹淡然柔和的表情，令人難以抵抗。連身裙上的胸前刺繡是整體穿搭的特色裝飾。

皮革製的圓底水桶包，是今年春天最喜愛的單品。外出時總是少不了它。

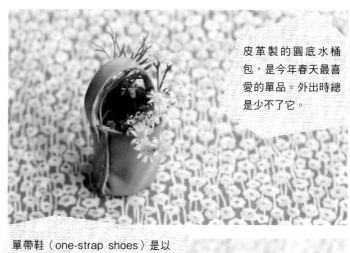

單帶鞋（one-strap shoes）是以圓底水桶包的同款素材製作而成。鞋帶則以珠子固定。

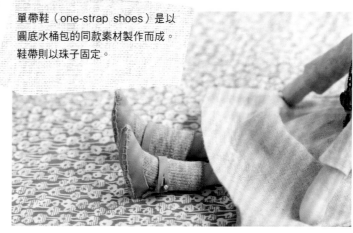

亞麻製的連身裙為後鈕樣式（以按鈕固定）。紅色的裝飾鈕釦特別引人注目。

NO. 53

作法｜P.97

如月牙般的新月造型，是一款相當流行時尚的肩背包。完全服貼於身體的袋型，使用上的便利性極其優異。只要將背帶縮短，即可作為胸前包使用。

表布A＝棉麻帆布～Mattina di vacanza（MAT3009CL-C）／大塚屋
五金環＝口型環30mm（SUN13-121・鎳）・活動式日型環30mm（SUN13-137・鎳）
織帶＝雙面織帶30mm（TPR30-L）清原（株）
厚接著襯＝接著布襯～Owls Mama（AM-W4）／日本VILENE（株）

使用雙開拉鍊，不論左撇子或右撇子都方便使用，特點是拿放容易。

月牙肩背包

BRAND｜*Mattina di vacanza*

義大利語為「愜意的假日時光」之意。如同其名，是以符合全家人放鬆休憩的起居室印象為設計方向的義大利風格布品。大人風的雅緻花色很適合簡約的手袋或波奇包。因為棉麻帆布具有適中的厚度，也非常適用來製作圍裙或長版上衣等服飾。

開心出發——

春遊必備の輕便隨行包

本單元將介紹造型簡約、使用方便、每天愛不釋手、出門必備的「便利」手作包。
請務必挑選你最喜愛的布料製作喔！

攝影＝回里純子　造型師＝西森 萌　髮妝師＝タニ ジュンコ　模特兒＝inori

方形後背包

NO.54

作法│P.98

外型如紙袋般的四方形大人風後背包。手作誌般尺寸的雜誌也能輕鬆放入,實用性相當優異。外附口袋的設計也是優點。

表布＝棉麻帆布〜Mattina di vacanza
（MAT3005CL-D）
／大塚屋
肩帶＝後背包肩帶（YAT-1031・#3象牙白）
釦具＝皮製配件（KA-12・#25 焦茶）
／INAZUMA（植村株式會社）
薄接著襯＝接著布襯〜Owls Mama
（AM-W2）
厚接著襯＝接著布襯〜Owls Mama
（AM-W4）／日本VILENE（株）

後背包的肩帶是沿著皮革配件的車縫孔,手縫固定於後背包的本體上。宛如現成品般的縫製質感深具魅力。

也可以利用側拉鍊取放物品。在人潮擁擠的場合等,不方便將袋蓋完全打開時,此設計就顯得格外便利。

NO.55

作法 │ P.99

可以放在行李箱上方，充當隨身袋托運的波士頓包。由於是雙開拉鍊的設計，方便開關也是優點之一。

表布＝棉麻帆布～Mattina di vacanza（MAT3007CL-A）／大塚屋
極厚接著襯＝接著布襯～Owls Mama（AM-W5）／日本VILENE（株）

接縫於波士頓包背面的寬幅腰帶，可穿過行李箱的把手方便固定。

可充分收納兩天一夜行程的行李容量，是功能性極佳的人氣尺寸。

附有許多口袋，瑣碎的小物品都能一目
瞭然，使袋子內部井然有序。

NO.56 作法｜P.100

能集中收納必要物品的袋中袋。由於附有提把，
因此也可以直接當作隨身袋使用。

表布＝棉麻帆布～Mattina di vacanza（MAT3006CL-C）
／大塚屋
厚接著襯＝接著布襯～Owls Mama（AM-W4）
／日本VILENE（株）

附有許多口袋，瑣碎的小物品都能一目
瞭然，使袋子內部井然有序。

表布＝棉麻帆布～Mattina di vacanza（MAT3004CL-A）
／大塚屋

NO.57

作法 ｜ P.101

雖然是以一片布縫製而成的扁平包款，但用途自由多變。能完整收納A4尺寸的書籍或雜誌，內側還附有收納小物的小型口袋。

袋子內側縫製了夾層設計，因此可依需求分配物品的收納位置，避免內容物雜亂無章。

NO.58 作法 | P.102

附有掀蓋的束口袋？原以為如此，但打開來一看，
卻像是一片式的圓形墊，真是一款有趣的手提袋
啊！當成旅行時的隨身袋使用也是不錯的選擇。

表布＝棉麻帆布～Mattina di vacanza（MAT3008CL-B）
／大塚屋
厚接著襯＝接著布襯～Owls Mama（AM-W4）
／日本VILENE（株）

一攤開袋子，就會還原成圖示中的圓形
布。總之，就是把想要裝入的物品一股
腦兒放進去，就能帶著走的日式包袱巾
的感覺。

為手作布包縫上完美拉鍊

關於拉鍊的由來，據說是在1890年左右，當時美國為了解決繫鞋帶的不便，因而開發出來的產品。藉由將拉鍊頭往上拉使鍊齒咬合，往下拉使鍊齒分開的構造，來達成能夠輕易開關的特性。如今廣泛地被使用在包包的袋口、口袋口、洋裝的開口等各種不同物件上，伴隨其便利性，也往往成為設計的重點元素。拉鍊在接縫上好像很難，好像很費工，材質看起來很硬，縫合時肯定有很大的障礙……帶有這類挫敗感想法的人肯定不少吧？因此，這次就讓我們深入瞭解拉鍊，克服這棘手的難關吧！

1.拉鍊各部位的名稱＆種類

拉鍊各部位的名稱

拉鍊的長度

拉鍊的長度是指上止至下止之間的長度（雙開拉鍊是指下止至下止之間）。一般而言，建議準備比作品本體長度短1cm至2cm的拉鍊。

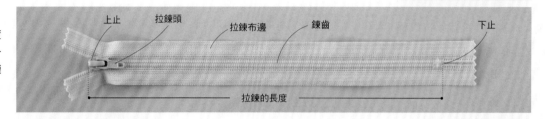

拉鍊的形狀種類

閉口拉鍊

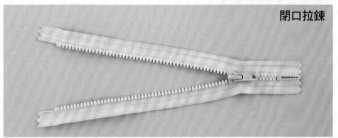

下止處不分離，僅單邊打開的拉鍊。一般來說，大眾印象中的拉鍊，大多是指這一類型。

開口拉鍊

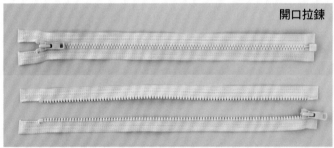

下止處拉鍊可分開，左右可分離的拉鍊。

雙開拉鍊

附有兩個拉鍊頭，可上下打開的拉鍊。方便波士頓包等大型包包的開關。

呈長條帶狀，可以用剪刀裁剪至適合長度的拉鍊。由於拉鍊頭是之後再鑲入，因此可依作法的不同，而有多方面的用途。

創意組合拉鍊

拉鍊的種類

FLATKNIT®拉鍊

於織帶上織入鍊齒的拉鍊。柔軟輕薄，較易縫製。由於鍊齒部分可以車縫，較容易進行長度的調整。

尼龍拉鍊

鍊齒呈現線圈狀。具有柔軟度，適合接縫於弧邊上。

VISLON®拉鍊（塑鋼拉鍊）

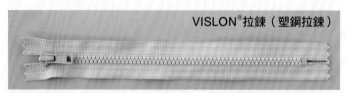

鍊齒為樹脂製，可成為設計上的重點特色。質地輕巧，色彩豐富多變。

CONCEAL®拉鍊（隱形拉鍊）

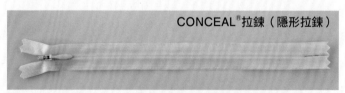

屬於線圈式拉鍊的一種，正面看不見鍊齒，縫製上的外觀就有如針趾一般隱形。主要多使用在洋裝上，諸如連身裙或裙子的開口等。

金屬拉鍊

鍊齒為金屬製。縫製上形成較堅固且具厚重感的印象。

30

當沒有符合預想長度的拉鍊時,可以裁剪長拉鍊進行調整。

使用FLATKNIT®拉鍊時

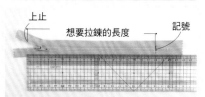

A 鍊齒可用剪刀剪斷,並能進行縫合的拉鍊。

FLATKNIT®拉鍊與尼龍拉鍊的鍊齒,可以用剪刀裁剪。且能以縫紉機車縫,因此也有不加下止直接縫合收尾的處理方法。

②以縫紉機在記號位置車縫2至3次,當作下止。再在距離車縫位置1.5cm處裁剪拉鍊。

①由上止處開始測量想要的拉鍊長度,並作上記號。

使用尼龍拉鍊時

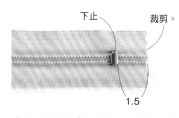

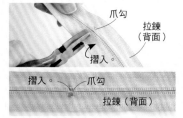

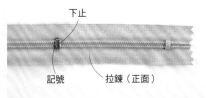

③在距離步驟②中安裝好的下止位置1.5cm處裁剪拉鍊。

②以鉗子將背面側外露的爪勾往內側摺入。

①由上止處開始測量想要的拉鍊長度,作上記號後,於記號位置刺入下止的爪勾。

使用部件
下止

使用金屬拉鍊時

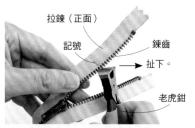

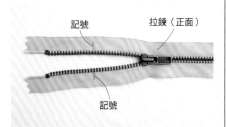

B 鍊齒不能以剪刀剪斷,且無法縫合的拉鍊。

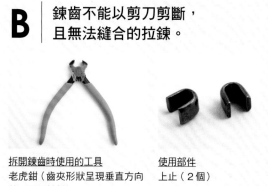

拆開鍊齒時使用的工具
老虎鉗(齒夾形狀呈現垂直方向的一種鋼絲鉗)

使用部件
上止(2個)

②以老虎鉗夾住已作記號處的鍊齒,往斜上方拉扯後,摘下鍊齒。此時,請注意避免剪到拉鍊布邊。

①由上止處開始測量想要的拉鍊長度,並作上記號。

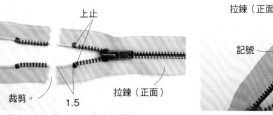

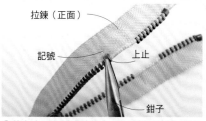

⑤在距離上止位置1.5cm處裁剪拉鍊。

④將上止扣在記號位置上,並以鉗子夾緊。另一邊亦以相同方式安裝。

③拆下上止處算起4至5個鍊齒,預留2cm左右的空隙。

使用VISLON®拉鍊(塑鋼拉鍊)時

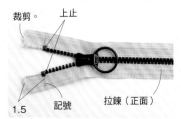

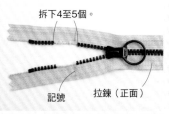

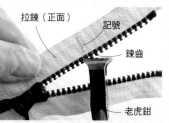

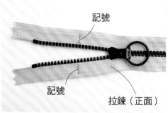

④將上止扣在記號位置上,並以鉗子夾緊後,在距離上止位置1.5cm處裁剪拉鍊。

③拆下上止處算起4至5個鍊齒,預留2cm左右的空隙。

②以老虎鉗剪斷已作記號處的鍊齒,並以手指取下殘留的鍊齒。請避免剪到拉鍊布邊。

①由上止處開始測量想要的拉鍊長度,並作上記號。

若以一般的縫紉機壓布腳來車縫拉鍊，將會勾住鍊齒而無法順利車縫。車縫拉鍊時，應使用配合該用途的壓布腳。使用不同的縫紉機，可使用的壓布腳也有所差異，請依自家的縫紉機準備易於使用的壓布腳。

單邊壓布腳（家庭用縫紉機）

左　右

窄縮的拉鍊壓布腳，屬於改良版的壓布腳，車縫時更加容易。可改變車針的位置，調整左右車縫。

拉鍊壓布腳（家庭用縫紉機）

左　右

一般拉鍊用的壓布腳。車縫拉鍊右側時，將壓布腳更換於左側；車縫左側時，則將壓布腳更換於右側使用。

細壓布腳（職業用縫紉機）

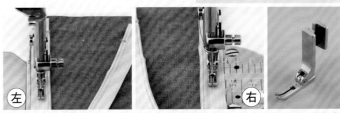

左　右

寬幅約0.5cm的壓布腳。因為較細小，所以壓布腳不必左右更換也可以順利車縫拉鍊，穩定性佳。

單邊壓布腳・螺絲式（家庭用・職業用縫紉機）

左　右

可旋轉螺絲左右移動壓布腳的位置，因此能車縫壓布腳的邊緣。車縫包繩滾邊時也很便利。

4.拉鍊的接縫方法

拉鍊接縫位置

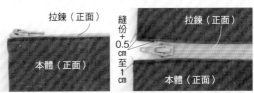

拉鍊（正面）　縫份+0.5cm至1cm　拉鍊（正面）

本體（正面）　本體（正面）

縫合拉鍊的脅邊時，為了避免將上止與下止縫進去，會於兩側脅邊空出0.5cm至1cm，再予以接縫。因此，請準備比本體長度再短1cm至2cm的拉鍊。（依據拉鍊接縫方法的差異，也會發生不同的情況。）

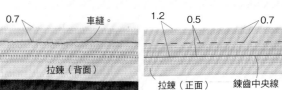

0.7　車縫。　1.2　0.5　0.7　拉鍊（正面）　鍊齒中央線　0.5

拉鍊（背面）　拉鍊（正面）　鍊齒中央線　本體（正面）　0.5

車縫拉鍊時，只要穩定保持距離鍊齒中央線0.5cm，就不會扯到拉鍊頭，可縫製出整齊美麗的外觀。由於拉鍊布邊的寬幅一般為單側1.2cm寬，因此本書作法是將本體的拉鍊接縫位置預留0.7cm縫份後縫合。

拉鍊接縫方法的重點

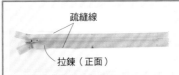

疏縫線　疏縫線　拉鍊接縫止點　中心

拉鍊（正面）　拉鍊（背面）　拉鍊（背面）　珠針

以雙面縫份膠帶黏貼固定　本體（正面）　本體（正面）

以雙面縫份膠帶將拉鍊黏貼於縫份上。若以縫紉機車縫雙面縫份膠帶的部分，車針上會沾附黏膠，導致跳針或難以車縫的情況發生，因此黏貼固定時，請避開預定車縫的範圍。

以疏縫線縫合固定
以珠針固定後，再以疏縫線縫合。疏縫線請於正式車縫後拆除。

以珠針固定
以珠針固定合印記號，亦可於記號之間加強固定。

②將本體與拉鍊正面相對疊放後，進行固定。固定方法主要有上述三種方法。請避免合印記號偏離錯位，正確地固定。

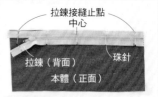

上止　中心　下止

拉鍊（背面）　中心

拉鍊接縫止點

本體（背面）

①於拉鍊的中心・上止・下止、本體的中心・拉鍊接縫止點（拉鍊的長度）加上合印記號。

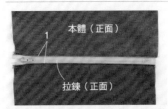

1　本體（正面）

拉鍊（正面）

拉鍊（正面）

本體（背面）

本體（正面）

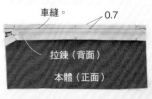

車縫。　0.7

拉鍊（背面）

本體（正面）

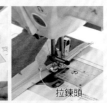

拉鍊頭　拉鍊頭

⑤另一側亦以相同方式車縫。左右的布端不偏不倚，且拉鍊布邊露出約1cm的狀態即為正確接縫方法。

④將拉鍊翻至正面。確認拉鍊接縫位置是否有偏離錯位，或拉鍊布邊是否分布均勻等。

③在距離拉鍊布邊0.7cm處進行車縫。待縫至拉鍊頭稍前側時，直接落針＆抬起壓布腳，一邊將拉鍊頭位置往裡面移動，一邊車縫。

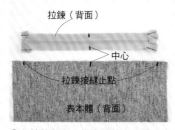

④在拉鍊與表・裡本體的中心點＆表・裡本體拉鍊接縫止點（拉鍊的長度）加上合印記號。

拉鍊（背面）
中心
拉鍊接縫止點
表本體（背面）

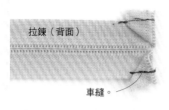

③車縫固定。下止側亦以相同方式摺疊後，車縫固定。

拉鍊（背面）
車縫。

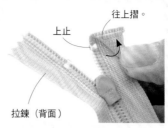

②往上摺疊成三角形。

往上摺。
上止
拉鍊（背面）

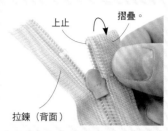

①將邊端的拉鍊布邊自上止處往背面側摺疊。

上止
摺疊。
拉鍊（背面）

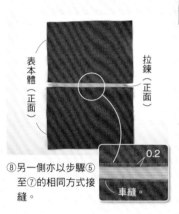

⑧另一側亦以步驟⑤至⑦的相同方式接縫。

表本體（正面）
拉鍊（正面）
0.2
車縫。

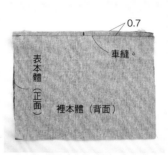

⑦翻至正面，避開裡本體，在距離步驟⑥的針趾0.2cm處進行車縫。

車縫。
0.2
裡本體（正面）
拉鍊（正面）
表本體（正面）

⑥將表本體與裡本體正面相對疊放，對齊記號，在距離布邊0.7cm處進行縫合。

0.7
車縫。
表本體（正面）
裡本體（背面）

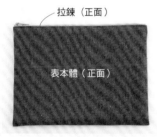

⑤將拉鍊與表本體正面相對疊放後，再對齊拉鍊＆表本體中心點，確認拉鍊的上止・下止對前表本體的兩側拉鍊接縫止點後，在距離布邊0.5cm處（無接縫裡布時為0.7cm）進行縫合。

拉鍊（背面）
中心
0.5
車縫。
拉鍊接縫止點
表本體（正面）

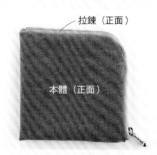

⑫將裡本體裝入裡側，整理袋型。

拉鍊（正面）
表本體（正面）

⑪內摺返口縫份後縫合。

返口
0.2
裡本體（正面）

⑩翻至正面。

裡本體（正面）
翻至正面。
表本體（正面）

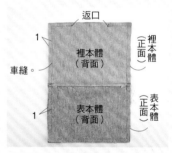

⑨將表本體＆裡本體各自正面相對疊合，在裡本體的底部預留返口，車縫脇邊與底部。

返口
裡本體（正面）
1
車縫。
裡本體（背面）
1
表本體（背面）
表本體（正面）

6.弧邊的拉鍊縫法 ※作品No.31・32使用的拉鍊接縫方法。

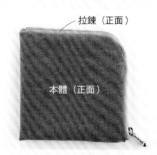

④車縫脇邊，翻至正面即完成！

拉鍊（正面）
本體（正面）

③待縫至拉鍊頭的前側時，保持車針停在上方的狀態，直接抬起壓布腳，並移動拉鍊頭，車縫至下止側的拉鍊接縫止點。

②於左側安裝壓布腳，並由上止開始車縫另一側的拉鍊。弧邊的部分則以錐子等一邊壓平拉鍊，一邊車縫。

錐子

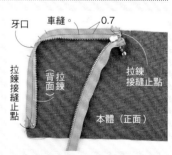

①將拉鍊的邊端依接縫方法5之步驟①至③的相同方式摺疊後，車縫固定。將本體與拉鍊正面相對疊放，使兩個拉鍊接縫止點分別對齊上止・下止＆進行固定後，將弧邊處的拉鍊布邊剪0.5cm的牙口＆勻稱地進行固定，再以縫紉機車縫。

車縫。
0.7
牙口
拉鍊接縫止點
拉鍊（背面）
拉鍊接縫止點
本體（正面）

使用小碎布就能簡單完成的包釦
別針。以相同的布料製作，或結
合不同的布料加以組合，享受自
由搭配花色的樂趣吧！

設計・製作／西村明子

簡單手縫 × 黏合就 OK！
手作系女孩の小清新布花飾品設計
BOUTIQUE-SHA ◎授權
平裝／80 頁／21×26cm
彩色／定價 320 元

- 包釦布料7片（印花棉布3種）各10cm寬10cm
- 基座布A 1片、基座布B 1片（不織布・原色）7cm×2cm
- 包釦（直徑1cm）2個・（直徑1.2cm）2個・（直徑1.6cm）3個
- 胸針式別針（2cm）1個・#21鐵絲（綠色）12cm×8根
- 花藝膠帶（寬1.2cm・綠色）

— memo —

在此使用市售的包釦套組，內容包括a紙型・b上釦・c下釦・d中管・e外管・f打棒。請依紙型大小裁剪布料。

a b c d e f

製作包釦

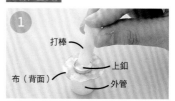

1

打棒　上釦　布（背面）　外管

於外管上依序放置布料＆上釦，再以打棒下壓。

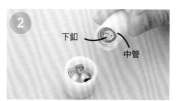

2

下釦　中管

將下釦放入中管。

3

將中管放入外管，以打棒用力下壓。再取出打棒＆中管，確認上釦與下釦是否準確接合。若沒有成功接合，可分開鈕釦重新製作。

4

再次將中管放入外管中，以打棒下壓後，以鐵鎚敲打2至3次。再移除打棒＆中管，自外管中取出包釦。

5

×　○

○是上・下釦準確接合的漂亮成品，×則是露出布片的NG成品。只要在以鐵鎚敲打之前先確認狀況，就能立刻調整修正。試著多作幾個就能掌握訣竅喔！

製作花莖

6

將鐵絲穿過包釦後對摺，並以鉗子自鈕釦底部扭轉鐵絲。

7

將鐵絲的末端修剪整齊。

8

將花藝膠帶剪出斜角。

9

將花藝膠帶黏貼在包釦的根部，並開始纏繞鐵絲。

10

纏繞至鐵絲末端，剪去多餘的花藝膠帶。

11

以相同作法製作7根。

裝上基座

12

在基座A的上方中心位置，縫上直徑1.6cm的包釦。

13

在兩側縫上2個直徑1.6cm包釦。

14

視整體平衡，縫上2個直徑各為1.2cm・1cm的包釦。

15

將基座B縫上別針。

16

疊合基座A・B，以捲針縫接縫固定。

17

完成基座。

組裝

18

束攏花莖，以鐵絲在根部纏繞一圈。

19

0.6cm

將花藝膠帶剪成0.6cm的寬度，在之前繞圈的鐵絲上纏繞2至3圈。

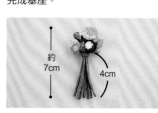

20

保留4cm長的花莖，將鐵絲修剪整齊。為了遮蓋鐵絲斷面，以手指揉捻的方式使膠帶邊覆蓋鐵絲。

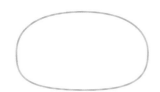

約7cm　4cm

完成！

原寸紙型

基座A・基座B（各1片）

鎌倉 SWANY風 手作散步包

挑選一塊鎌倉SWANY特別受歡迎的法國進口布料，製作最適合春季散步的隨身布包吧！

攝影＝回里純子　造型師＝西森萌
妝髮＝タニ ジュンコ　模特兒＝inori

NO.59　ITEM｜箱型包　作法｜P.105

sin・cos・tan……以數學計算式展現大人風的托特包。除了原本就喜歡數學的人之外，數學苦手也適用，簡單手提就能讓穿搭印象變得更加時尚。因側幅充裕，袋體穩定性高，實用性也很值得推薦。

表布＝棉質牛津布～STOF（VINCI SAVOIE ANTHRACITE・IF2225-1）／鎌倉SWANY

NO. 60
ITEM ｜ 2way托特包
作 法 ｜ P.111

展開時的中圈織帶特別引人注目！可完全
展開本體，作為直式托特包使用，亦可內
摺成橫式迷你托特包，是能夠依內容物改
變尺寸的便利包。

表布＝棉質牛津布～STOF（PATINS T.SAVOIE
NOIR・IF2222-1）／鎌倉SWANY

自本體正中央內收摺疊，就變成了橫式迷
你托特包。

NO. 61

ITEM ｜ 氣球包
作り方 ｜ P.103

尺寸剛好可攜帶皮夾或手機等物品，適合短距離外出或牽狗散步時使用的輕便提包。具穩定性的圓底，放置時也能穩穩站立，實用性極佳。

左・表布＝棉麻牛津布〜STOF（BOROMEE TOILE BLEU・IF2209-1）
右・表布＝亞麻布〜STOF（NOBLE TOILE・IF2220-1）／鎌倉SWANY

NO. 62

ITEM ｜ 彈片口金波奇包（M・L）
作 法 ｜ P.113

分類包中零散小物時不可或缺的收納包。蓬鬆抽褶的設計，即使在包包裡也很醒目。因為使用彈片口金，開闔也相當輕鬆。

M・表布＝棉麻牛津布〜STOF（RAMATUELLE GRIS・IF2212-1）／鎌倉SWANY
L・表布＝棉麻牛津布〜STOF（RAMATUELLE BLUE・IF2212-3）／鎌倉SWANY

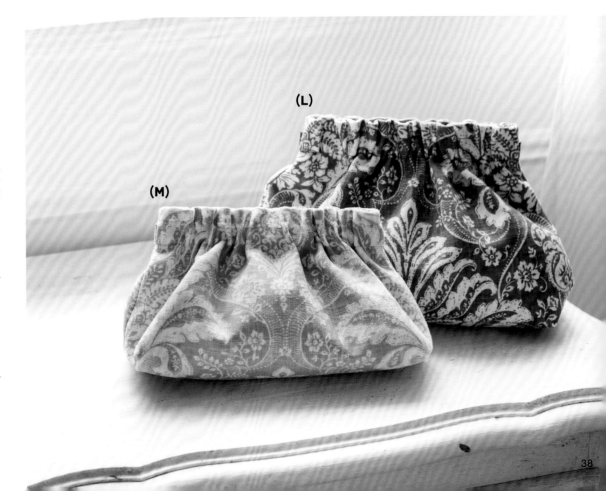

(L)

(M)

以趣味性十足的猴子圖案使人留下印象深
刻的托特包。由於側幅與底部是完整一片
式的設計,因此布包具有立體感。彩色亞
麻布的寬版提把是調和整體平衡的重點提
色。

表布=亞麻布～mfta(EXOTIC MONKEY・IF10
72-1)╱鎌倉SWANY

以褶襉之間若隱若現的苔綠色布料,與圖
案表布相互映襯的托特包款。藉由接縫上
皮革提把,瞬間表現出成熟氛圍。

表布＝牛津棉布～STOF(BRICK T.SAVOIE
CELADON・IF2218-1)／鎌倉SWANY

以春季感植物印花布製作而成的水桶型
托特包，統一裡布＆提把的色彩則是特
別設計的製作重點。可作為春日出遊的
推薦單品。

表布＝亞麻布〜STOF（OXALITS TOILE ROSE
／FOND LIN・IF2219-1）／鎌倉SWANY

初學者必備！家用縫紉機OK！

拉鍊&提把&口金技巧縫法╳裡袋設計
詳細圖解一級棒！

如何製作講究的手作包？

鎌倉Swany30年來醞釀的技術，全部收錄在這一本！

1965年創業，位於湘南鎌倉的布料店——鎌倉Swany是知名的手作布料品牌，本書收錄製作手作包的超基礎教學，從選布、材料、工具、縫紉機介紹、紙型、基礎縫法、抓褶、內口袋製作、拉鍊縫法、各式基礎金屬配件運用等實用作法，搭配鎌倉Swany的精選布料，作成17款經典不敗的鎌倉Swany風布作，耐用又耐看的花色，是手作人心中愛用布料的最佳首選，實用的設計包款，製作方法簡單，技法也不繁瑣，是最適合初學者在家自學手作包包的最佳參考用書。

特別加贈
一大張紙型

布的講究美學
鎌倉 SWANY の
超簡單質感手作包
詳細圖解拉鍊&提把&口金技巧縫法╳裡袋設計

手作包基本功一本OK！布的講究美學
鎌倉SWANYの超簡單質感手作包
鎌倉 SWANY ◎著
定價 380 元
平裝 112 頁／彩色

くぼでらようこ老師

今天，要學什麼布作技巧？

~原創帆布完成！~

布物作家・くぼでらようこ老師連載第7回
——原創帆布D&B Vintage Collection設計布包初發表！

D&B Vintage Collection

D&B Vintage Collection

日本著名帆布品牌「富士金梅®」與布物作家くぼでらようこ老師聯手推出的系列帆布囉！由專業師父一片一片地將くぼでら老師手繪製版的區塊圖案，以雷射印刷印製在水洗8號帆布上。與使用一般染劑的印花布料不同，雷射加工的特色在於保留了帆布的柔韌觸感。拿在手上的獨特質感&不容忽視的洗鍊感，是特別推薦一定要親自體驗縫製的布料。

profile

くぼでらようこ老師

自服裝設計科畢業後，任職於該校教務部。2004年起以布物作家的身分出道。經營dekobo工房。以布包、收納包和生活周遭的物品為主，製作能作為成熟簡約穿搭重點的日常布物。除了提供作品給縫紉雜誌之外，也擔任體驗講座和Vogue學園東京校・橫濱校的講師。

http://www.dekobo.com

攝影＝回里純子・藤田律子　造型師＝西森 萌

NO. 67 ITEM｜束口提袋
作 法｜P.109

便當袋首選！或作為外出時的束口包
也OK。橫式剪裁相當時尚，53cm的
提把設計是掛在手臂或肩背都恰到好
處的理想長度。

表布＝8號帆布雷射加工・One
Wash～D&B Vintage Collection
（灰色）／富士金梅®（川島商
事株式会社）

NO. 66 ITEM｜皮革提把托特包
作 法｜P.108

簡單袋型的無側幅托特方包，市售皮
革提把成為了強調風格印象的注目焦
點。開口滾邊條採用合成皮，角落配
件則選擇皮料，增添高級感。內側附
有拉鍊口袋。

表布＝8號帆布雷射加工・One
Wash～D&B Vintage Collection
（灰色）／富士金梅®（川島商
事株式会社）
提把＝合成皮革提把（YAK-623
・#11黑）／INAZUMA（植村
株式会社）

NO. 69 ITEM｜滾邊抱枕
作 法｜P.85

活用D&B Vintage Collection Cloth
圖案的滾邊抱枕，背面縫製了拉鍊。
似乎可以搭配各種居家風格呢！

表布＝8號帆布雷射加工～D&B
Vintage Collection（靛色）／富
士金梅®（川島商事株式会社）

NO. 68 ITEM｜口金手提袋
作 法｜P.110

使用寬24cm的圓角口金。口袋上的
D&B Vintage Collection Cloth圖
案，是特別配置的重點設計。包底搭
配合成皮，也提昇了整體的層次感。

表布＝8號帆布雷射加工・One
Wash～D&B Vintage Collection
（灰色）／富士金梅®（川島商
事株式会社）

解放雙手的紡織創作欲，
將零星線段變成身上的美麗小物吧！

只要利用身邊隨手可得的厚紙板、紙箱、相框、木片等材料，
就能製作各種小巧的迷你織布機，織出杯墊、別針、包釦、戒指、手環，
甚至是小型的隨身包等創意小物！

從零開始的創意小物
小織女的DIY迷你織布機
蔭山はるみ◎著
平裝／80頁／19×26cm／彩色＋單色
定價 420 元

Gobelin × Handmade

期盼春天來臨の手作時光

藤久以原創思維

企劃製作了以豐厚質感為魅力的

高布林織品（Gobelin），

請務必在等待春天的期間，

試著以其縫製布包或家飾等布雜貨。

高布林織品

高布林是法國高布林家族工房製作的織錦掛毯統稱，而本次介紹的高布林織品是以動力織機織入圖案或花紋的布品。厚度適中卻輕盈，圖案也很素雅，因此建議用來製作布包和家飾小物。

NO. 70

ITEM │ 月牙肩背包
作 法 │ P.97

新月型的肩背包，以挺度恰到好處的高布林織品製作，就能夠呈現出漂亮的袋型。沉穩色調的花朵印花適合各種穿搭。

表布＝高布林零碼布
（Botanical Flower）／藤久（株）

攝影＝回里純子　造型師＝西森 萌　妝髮＝タニジュンコ　模特兒＝inori

46

將繽紛格紋的高布林織品製作成
光是擁有就讓人心花怒放的袋中
袋。因布料厚度適中，既不會變
形，也方便攜帶。

表布＝高布林零碼布
（Square）／藤久（株）

NO. **72**

ITEM ｜ 滾邊抱枕
作 法 ｜ P.85

充分使用一整片高布林零碼布製
作而成的橫式大抱枕，加上滾邊
裝飾就更完美了！

表布＝高布林零碼布
（Nordic Flower）／藤久（株）

民族風 × 時尚感
一起來玩小巾刺繡の可愛幾何學

藉由隨意組合基礎花樣，創造出大片美麗的幾何圖形，
就能完成自然質樸又充滿變化樂趣的作品。

可愛北歐風の小巾刺繡
47個簡單好作的日常小物
BOUTIUQE-SHA ◎授權
平裝／72頁／21×26cm
彩色＋單色／定價280元

NO. 73 | ITEM | 吾妻袋
作法 | P.92

吾妻袋型的便當袋大人氣！將素色布料繡上貓頭鷹之後再進行縫製，最後再以布用彩繪筆上色裝飾，就能更好地突顯刺繡了！

NO. 74 | ITEM | 餐具收納巾
作法 | P.72

摺疊餐具收納套時，在位於正面的位置隨意繡上了花卉。粉紅映襯著綠色的配色相當可愛。

ITEM | 水瓶提袋
作法 | 可從網路下載作法。
（https://www.boutique-sha.co.jp/wp-content/uploads/2019/01/CF70_P48recipe.pdf）

為了依圖案配置紙型，請在裁布之前先進行刺繡。

ITEM
水瓶提袋

NO. 73

NO. 74

享受手作樂趣

otonano nurie の刺繡應用

以縫紉機簡單地製作可愛的刺繡。依圖案刺繡還覺得不滿足的人，可使用由刺繡圖集網站Heart Stitches販售的「otonano nurie」再添巧思。一起來試著製作帶有自我風格的原創小物吧！

── 何謂otonano nurie？ ──

可使用Brother家用縫紉機製作的刺繡圖集。提供許多可享受在電繡上添加手工刺繡或色彩等豐富變化，成熟或可愛的設計。由於可用作商業行為，因此也能利用在販賣於網路或活動的作品上。

ITEM | 針墊

使用可愛的迷你刺繡框製作針墊，並以羊毛氈呈現出立體感。夾入薄緞帶進行刺繡時，成品又是截然不同的設計。

框＝迷你刺繡框・圓（大）
約5.5cm×6cm（SJ-240）
／內藤商事（株）

NO. 75

ITEM | 手提側肩袋
作法 | P.101

改變繡線色彩重複相同圖案的車繡，也能呈現出時尚圖騰感。是同時具備手作溫度＆春天般繽紛色彩的刺繡雙層包。

如何進行otonano nurie電繡

Point4
從USB中選擇喜好的圖案，裝上指定顏色的繡線或喜愛顏色的繡線，即可按下起始鍵，開始進行刺繡。

Point3
避免布料鬆弛將地繡上繡框，再安裝於電繡機上。

Point2
為免產生縮皺，以熨斗先在布料上燙貼刺繡用接著襯。

Point1
從網站下載資料存進USB隨身碟中，再將電腦刺繡機插上隨身碟。

如何進行 [otonano nurie] 改造！

Needle felting

只需以羊毛氈專用針戳入羊毛，纖維就會交纏結塊，可自由塑型。展現出的溫暖柔和的質感，並可為otonano nurie增添立體感。

Coloring

以otonano nurie刺繡後，試著以布用彩繪筆或指甲油等顏料享受填色樂趣吧！加上喜愛的色彩，外觀將大幅改變。

Layered

在布料上重疊薄布或緞帶，再進行刺繡，即可簡單地呈現不同風格。

※薄布、針織布或刷毛布等難以縫製的布料，請使用水溶性紙襯。

4 完成！刺繡圖案背面殘留的紙襯，以水洗滌便能輕易去除。

3 刺繡完成後，撕除圖案外圍的水溶性紙襯。

2 以箭頭按鈕決定位置後，按下起始鍵。

1 在布料＆水溶性紙襯之間夾入緞帶等材料，並裝上繡框。

今天開始刺繡吧！

一本學會法國刺繡、十字繡、串珠刺繡、貼布繡的常用針法，
即使完全沒有手作經驗，也能照著詳細圖解完成可愛的刺繡，
配合原寸紙型作成實用小物！

從基礎開始的刺繡練習書
第一次拿針也能完成美麗作品
寺西惠里子◎著
平裝／168頁／18.2×23.5cm
彩色＋單色／定價：380元

便利水桶包登場——既是背包,亦可作為收納籃使用喔!以彩色帆布拼接製作而成,洗練的色彩搭配也是重點。

攝影=回里純子　造型師=西森 萌
妝髮=タニジュンコ　模特兒=inori

赤峰清香專題企劃 × 彩色帆布
每天都想使用の私藏愛包

NO. 76

NO. 77

赤峰老師表示「也很適合作為洗滌和清潔用品收納籃。小尺寸的款式用來收納曬衣夾也不錯哩!」

時尚圓底包の生活應用——
變身成具有存在感的
家飾收納箱也OK!

布包作家赤峰清香老師的連載於本期堂堂邁入第4年了!「連載至今為止進行了很多布包的提案,今年我想跳脫布包的形式束縛,若能帶來除了作為布包以外還有其他功用的作品就太好了!」赤峰老師如此表示,並立刻展示了這款春季風格的水桶包,似乎能夠游刃有餘地收納全部零散小品呢!放在客廳使用時,L尺寸作為雜誌收納,S尺寸當成遙控器收納,這樣使用是不是也很不錯呢?「L款是穿入兩條與袋身相同布料製作而成的細繩當成提把,但若想作為提包使用,如S款般穿入編繩呈現休閒感,或穿入皮繩增添洗練感……依個人喜好製作即可。」從使用方式到變化作法,皆能依個人風格延伸改變的水桶包,一定要動手製作喔!

profile

赤峰清香

畢業於文化女子大學服飾學科。舉辦的布包及小物研習班由於講解清晰,並且能作出實用的物品,所以很受粉絲歡迎。

http://www.akamine-sayaka.com/

《每天都想使用的包包&波奇包(暫譯)》繁體中文版製作中

每日使いたい バッグ&ポーチ

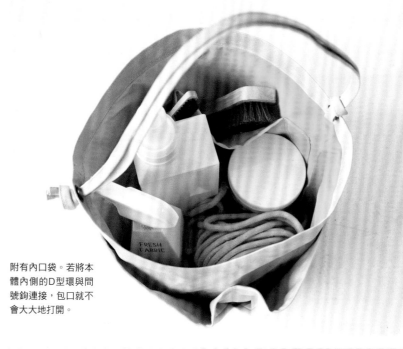

由於配色較為明亮，若作為外出用肩背包，將成為穿搭焦點。

附有內口袋。若將本體內側的D型環與問號鉤連接，包口就不會大大地打開。

在圓底上接縫成十字形的配布存在感十足。不僅外觀時尚，也有補強的作用。

NO.76 ITEM ｜水桶包（L）
作 法 ｜P.112

NO.77 ITEM ｜水桶包（S）
作 法 ｜P.112

圓底的水桶形狀背包，以帆布拼接而成的條紋圖案口袋呈現出摩登印象。

[No.76]
表　布＝10號石蠟加工帆布（#1050-2・砂礫米色）
配布A＝11號帆布（#5000-5・淺黃色）
配布B＝11號帆布（#5000-24・冷灰色）
裡　布＝尼龍撥水・CEBONNER（#CB8783-5・黃色）／富士金梅®（川島商事株式会社）
接　環＝D型環15mm（SUN10-100・古董金）・問號鉤15mm（SUN13-50・古董金）・雞眼釦#25（SUN11-176・古董金）／清原（株）
[No.77]
表　布＝10號石蠟加工帆布（#1050-10・靛色）
配布A＝11號帆布（#5000-24・冷灰色）
配布B＝11號帆布（#5000-5・淺黃色）
裡　布＝尼龍撥水・CEBONNER（#CB8783-18・turquoise）／富士金梅®（川島商事株式会社）
接　環＝D型環15mm（SUN10-100・古董金）・問號鉤15mm（SUN13-50・古董金）・雞眼釦#23（SUN11-172・古董金）／清原（株）

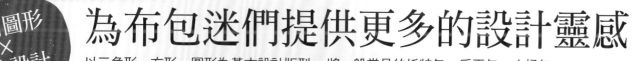

幾何圖形
×
趣味設計

為布包迷們提供更多的設計靈感

以三角形、方形、圓形為基本設計版型，將一般常見的托特包、扁平包、水桶包……
經由改變袋口位置、加入抽繩設計、將提把延伸至袋底、摺疊改變造型等巧思，
就能變化出與眾不同的趣味性。

這個包不一樣！
幾何圖形玩創意・超有個性的手作包27選
日本ヴォーグ社◎著

平裝／80頁／21×26cm
彩色＋單色／定價320元

編織帆布の手作體驗

杯墊
coaster

纖維街
倉敷市・兒島の
workshop之旅

岡山縣倉敷市兒島以生產牛仔布＆帆布而聞名，是日本屈指可數的纖維鄉鎮。本期我們特地在三月的「生地（布料）祭」之前造訪兒島，提前揭露纖維城鎮特有的體驗之旅。

倉敷帆布BAISTONE本店

氣氛沉穩，是倉庫修復改造而成。除了倉敷帆布的原創商品之外，也有種類豐富的工廠直營限定帆布可供購買。以典雅色調為魅力的帆布編織製作的杯墊，短時間內即可完成，是相當受歡迎的體驗活動。（帆布杯墊製作體驗…所需時間約15至20分鐘，日幣300圓。）

SHOP DATA

岡山県倉敷市曽原414-2
TEL：086-485-2112
⊗10:00至17:00
㉁年初年末
停車場：有
https://store.kurashikihampu.co.jp/
⊙@kurashikihampu
⨍@kurashiki.hampu

LET'S TRY!

③以剪刀修剪多餘的布條，並在想要的位置黏貼上「倉敷帆布」的品牌布標。

①從選擇8條已裁剪好的倉敷帆布（8號）布條開始吧！共有10色可供挑選，令人不禁陷入猶豫不決的色彩搭配障礙……

④在布條背面塗上布用黏著劑，固定好布條避免移位，可愛的杯墊完成了！

②上下上下地交互重疊布條。雖然想變換色彩，但還是要繼續下去，保持原定的格調啊！

Betty Smith®
牛仔褲博物館＆鄉村體驗工廠

日本牛仔布人氣品牌Betty Smith的直營體驗設施。可購買已縫製完成的牛仔褲，也能夠體驗牛仔褲專用鈕釦＆鉚釘的安裝。完成的牛仔褲可當場帶回，能製作出世界上獨一無二的專屬牛仔褲。（牛仔褲鉚釘安裝體驗…所需時間約1小時，日幣7,000圓＋稅。 ※價格會因牛仔褲的種類＆布料有所變動）

原創

牛仔褲
jeans

SHOP DATA

岡山県倉敷市児島下の街
5丁目2番70号
TEL：086-473-4460
⊗9:00〜18:00
㉁年初年末
停車場：有
http://betty.co.jp

LET'S TRY!

③交由專門縫製的師父車縫皮標時，因神速的縫紉機操作而感動。

①將選好的鉚釘裝入機械中，踩下腳邊的踏板就能裝上鉚釘。毫不猶豫，一鼓作氣地行動吧！

④世界獨一無二的原創牛仔褲完成！從成人〜兒童尺寸皆有，因此也很推薦當成贈禮。

②裝好鉚釘之後，該選擇皮標了……各種尺寸＆設計，真是讓人難以抉擇！

52

以噴砂技術進行

牛仔布加工體驗

denim

倉敷市兒島產業振興中心

作為手作體驗的重地，是能以實惠的價格體驗縫紉機及熨斗等，猶如走入縫紉工廠般的市營設施。（托特包噴砂體驗…所需時間約20至30分鐘，日幣1,000元）。

PLACE DATA

岡山縣倉敷市
兒島駅前1-37
TEL：086-441-5123
營9:00至18:00
休年末年始
停車場：有

LET'S TRY!

③ 撕下貼紙就完成了！眼鏡＆口罩是防止粉塵的專業裝備，裝扮也相當正式呢！

② 將托特包放入噴砂機中，進行噴砂。

① 在兒島產的牛仔布托特包上黏貼喜愛的設計貼紙。

以疊緣製作

包釦磁鐵

button

LET'S TRY!

③ 疊緣將釦子包起來了！由於使用專用打具，成品相當完美。

① FLAT的包釦專區。備有正統＆具有歷史的包釦用打具。

④ 在鈕釦背面黏貼上磁鐵。或依喜好作成髮圈也不錯。

② 將喜歡的疊緣（塌塌米邊緣布）依紙型裁剪後，安裝於打具上，再將重心放在操縱桿上壓下。

FLAT 児島本店

疊緣織品店 FLAT

工廠直營的摩登商店，整片牆面陳列的疊緣最是引人注目。店內展示的疊緣作品極具特色，特價販售的疊緣零碼布片也是大人氣的必買好物！（包釦磁鐵製作…所需時間約10至20分鐘，日幣300元。　※此為FLAT兒島本店的專屬特惠價。）

SHOP DATA

岡山縣倉敷市児島唐琴2-2-53
TEL：086-477-6777
營10:00至15:00
休週日・國定假日（週六不定休）
停車場：有
https://flat-kojimaberi.com/

一台縫紉機作出最實穿＆好搭配の個人風格手作服

在家自學縫紉の基礎教科書

伊藤みちよ◎著

平裝／112頁／19×26cm
彩色＋單色／定價450元

青木和子の刺繡寫生

維持青木和子自然風的溫暖氛圍，
獻上以蔬果野菜為主題的清新刺繡。

Brussels sprout

Pumpkin and Squash

Fig

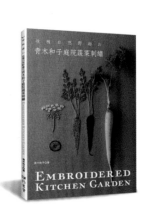

**收穫自然野趣の
青木和子庭院蔬菜刺繡**

青木和子◎著
平裝／96頁／17×25.7cm
彩色＋單色／定價380元

KITCHEN GARDEN PLANNING

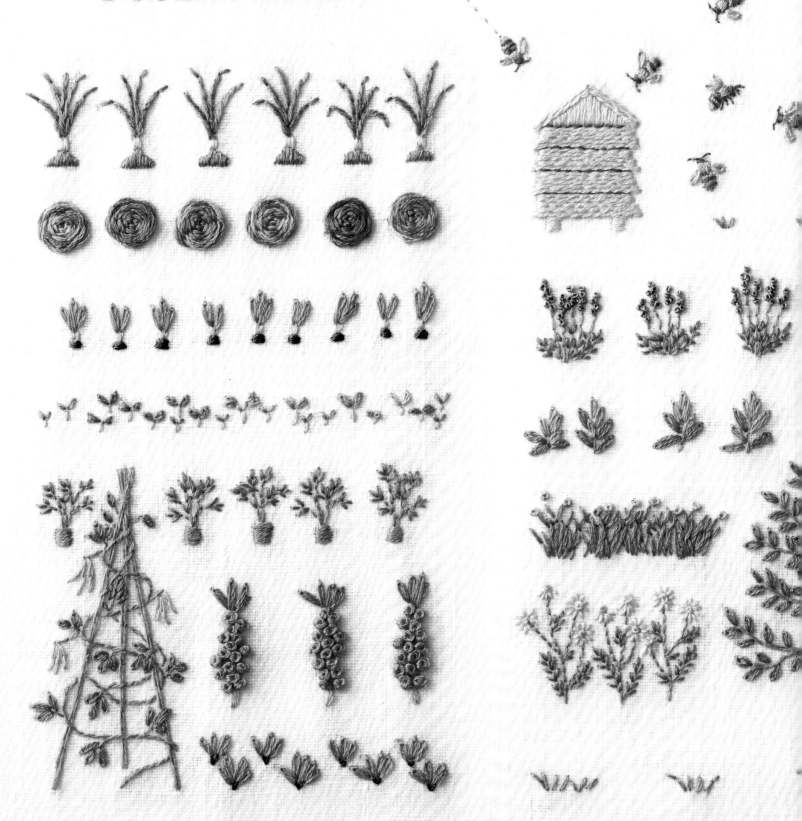

Macrame

在macrame的麥穗端接上了流蘇。可自由變換色彩，在此完成了與綠色植物的搭配性極好的時尚macrame。

線材＝macrame棉繩（水藍色＆綠色·2mm／原色·3mm）、刺子繡線（黃色）

彩繪春天生活の
繽紛流蘇

要不要試著利用可愛的流蘇，繽紛每天的生活呢？最近在飾品中引發流行的流蘇，是只要變更材料，就能夠活用在各種物品中的便利配飾。以春季感的色彩，點綴精采的日常生活吧！

攝影＝回里純子·造型＝西森萌

Pouch

基本款就很萬用，作再多也不厭倦的流蘇！若使用HANDY YARN TWISTER（手工撚紗器），就能作出原創編繩，完成帶有自我風格的流蘇。

線材＝刺子繡線（灰色·粉紅色·綠色）、5號繡線（白色）

Curtain

以流蘇製作器輔助，就能輕鬆作出典雅的窗簾綁繩。或混合色彩，打造得多采多姿也很美麗。

線材＝macrame棉繩（原色·3mm）、刺子繡線（黃色·綠色）

流蘇製作器的使用方法

流蘇的部位

- 吊繩
- 打結作成環狀
- 頭部
- 頸部
- 想製作的長度

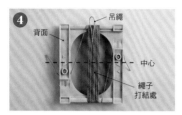

流蘇製作器

S號 3·4·5cm
L號 6·7·8·9·10cm

※可移動白色螺絲調整長度。

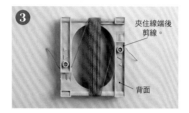

準備材料＆工具

- ·流蘇用線
- ·中心綁線（約30cm）
- ·吊繩
- ·頸部捲線（約40cm）
- ·理想長度的紙張
- ·剪刀
- ·流蘇製作器（S號或L號）

流蘇用線　吊繩　頸部捲線　剪刀

中心綁線　想製作的長度　5~10cm 紙

※以S號4cm進行作法圖解。

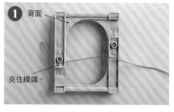

1 以螺絲將流蘇製作器調整至想要的長度後，將本體翻至背面夾住線端。

背面　夾住線端

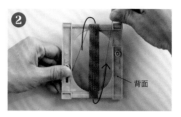

2 從裡側朝外側，依需要圈數捲線。（此作品共捲25圈）

背面

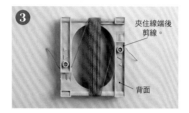

3 捲好需要的圈數後，將線端夾入另一側，以剪刀剪斷。

夾住線端後剪線。　背面

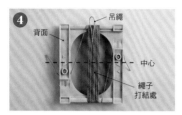

4 將打結成圈狀的繩子置入捲好的線內，並使吊繩打結處位在中心下方。

背面　吊繩　中心　繩子打結處

5 依本體的中心記號，避免吊繩脫落地於中心處打結固定。

吊繩　背面　中心綁線

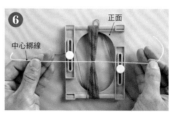

6 將本體翻至正面，牢牢打結2次以避免鬆開，再剪去多餘線頭。

中心綁線　正面

7 將剪刀前端伸入本體溝槽內，剪斷兩側線圈。

溝槽　剪刀

8 吊繩環朝上，讓上方穗線放射狀地平均垂下，使吊繩位於中心。

吊繩

9 放射狀地整理整齊。

10 如圖所示交叉擺放頸部捲線。

頸部捲線

11 牢牢壓住線圈交叉處，順時針捲繞數圈。

12 捲繞數圈後，將線頭穿入一開始作出的線圈中。

13 拉扯線頭收束線圈，再拉緊兩端線頭。

14 剪去多餘的線段。

15 將剪至理想長度的紙張，對齊流蘇頂端捲覆流蘇＆以膠帶固定。

紙　想製作的長度　流蘇

16 以剪刀將超出的線段修剪整齊，移除紙張＆整理形狀，完成！

裁剪。　剪刀

率性又可愛×極簡不失敗！
垂墜流蘇の39個手作應用DIY

簡單就很動人！
初學者の流蘇穗花手作課
SAAYA ◎著
平裝／96頁／18×24cm
彩色＋單色／定價350元

想看・想懂・想學會！

手作職人の布料＆工具收納術

一回過神來，才發現越積越多的布料、配件、裁縫工具……這到底該如何收納
呢？本期採訪了三位手作職人，向他們請教了可作為參考的收納巧思，希望你
能從中找到自今天起就能立即實踐的好點子！

case1：分類整理，一目瞭然快速取物。

Komihinata・杉野未央子

布小物作家

擅長可愛的布料搭配＆小尺寸布物創作，以小型布包
＆波奇包在手作圈中頗富盛名。在文化中心等地的課
程亦廣獲好評。
https://blog.goo.ne.jp/komihinata

杉野老師的工作室位於自家一樓的小房間，原本是丈夫的書房。布料、配件、工具……各種物品緊密地圍繞著工作桌收納，這裡就宛如駕駛艙一般。右邊的層架擺放著每日常用的工具，布料則依色彩分區收納於牆面架＆及箱子中，使用率較低的口金等配件類，則統一存放在堆疊式收納盒中……諸如此類，可見在各處都下足了功夫。杉野老師表示「布料和配件收存在視線範圍之外，就很容易忘記。藉由大致分類收納，不但可以省去尋找的麻煩，也因為布料位在可見之處，讓作品製作變得更加流暢。」杉野老師令人驚艷的圖案搭配＆獨具個性的細緻配件用法，正是誕生自這個可以隨心所欲取用物品的小巧工作室。

布料不是依圖案分類，而是以顏色區分。
統一摺疊成相近的尺寸後堆疊收納。

☑ 善用自製袋物可愛地收納

體驗講座的樣本作品＆雜誌專欄的包包和收納包作品最適合用來收納工具了！由於布料都是自己喜愛的款式，因此可以自然融入室內擺設中。

每當需要移動至2樓客廳工作，就會在這個提包中裝入最低限度的縫紉用具。剪刀套也是手工製作。

迷你托特包最適合用來收納零散的印章。順帶一提，印章也是杉野老師的原創設計，似乎也會用來製作布標呢！

☑ 統一顏色＆形狀的堆疊式收納盒

購自均一價商店的堆疊式塑膠收納盒。僅選擇白色和藍色，一次大量購買，專用於收納。

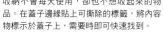
收納不會每天使用，卻也不想收起來的物品。在蓋子邊緣貼上可撕除的標籤，將內容物標示於蓋子上，需要時即可快速找到。

☑ 不要丟掉！點心包裝盒

設計可愛的點心包裝盒最適合裝入零散配件了！就算尺寸＆形狀各不相同，光是觀賞就能帶來好心情。

case2：開放式收納的好處——
讓材料成為創意的靈感基礎

左：在二手店找到的抽屜，原本是線材行的收納櫃。雖然送來時被它的巨大體積嚇了一跳，但開始使用之後發現它非常方便！「由於正面是透明的，內容物一目瞭然」。

中·右：線材櫃＆棚架皆是指定設計和尺寸，請擅長木工的丈夫幫忙製作。

「材料要看得見才好，布料或鈕釦都能帶來製作作品的靈感。不想為了收拾材料而在未完成前停手……因為好像連同對於作品的想法和熱情都會就此消失。」福田老師如此說。福田老師的工作室在住家隔壁房屋的一樓，一打開房門，滿滿都是蒐集的材料，宛如闖入外國的手工藝店一般。福田老師收集的手藝材料都是素材本體就相當可愛的類型。雖然一般物品一旦繁雜就會想要收起來，但由於這裡都是賞心悅目的素材，隨意擺放著都美麗如畫呢！「我目前正熱衷於直條紋，所以喜愛的直條紋布料就放在縫紉機前的架子上。在製作的閒暇之餘，想像著如何利用這些布料創作的片刻最是讓人期待。」不隱藏起來，展示亦是收納，因為被喜愛的材料所包圍，今天的福田老師也舞動著雙手享受著創作的樂趣。

福田とし子
手藝設計師

手作誌好評連載「福田とし子handmade」，轉眼之間也已經一年了。本期起將帶來更能夠享受福田老師世界的手作換裝布娃娃連載（P.22～），敬請期待！
http://www.geocities.jp/pintactac/

由於不使用廚房，因此放上層架作為收納布料的專用櫃。

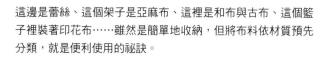

☑ 布料依種類 大致分類

這邊是蕾絲、這個架子是亞麻布、這裡是和布與古布、這個籃子裡裝著印花布……雖然是簡單地收納，但將布料依材質預先分類，就是便利使用的祕訣。

抽屜＆籃子都充分用於收納布料。福田老師的特選布料品味出眾，光是觀賞就令人沉迷。

☑ 將試作品裝入盒中保存

繡線等材料當然不用說，但人偶等試作品也放入盒中保存，以供日後參考。只需依種類放置，就能清爽地完成收納。

> P.22的換裝布娃娃一定要作作看喔！

☑ 展示當季物品

福田老師因工作之故，也製作了不少下一季的作品。將松果和橡實等季節特色物品裝入籃子內，在展示的同時進行收納。

☑ 防止遺忘的吊掛收納區

古董圓形吊架掛著紙條＆重要的配件等物品。「由於是每天一定會看到的地方，因此是最適合我的專屬提醒方式。」

將以布料包覆的棉花＆厚紙板黏貼在購買的抽屜上加以改造，用於收納繡線＆珠子等細碎零散的物品。

「Cotton Friend賞」
得獎作品──
迷你小屋Tilda森林之家

case3:作品＆材料收納合一的手作世界

相崎美帆

現居於大阪府

在LOVE！Tilda手作比賽中獲得Cotton friend賞。在養育2歲的女兒同時，從布小物的製作到梭編蕾絲，於日常生活中享受手作樂趣。

在去年舉辦的「LOVE！Tilda手作比賽」中，獲得Cotton friend賞的相崎老師，以極其講究細節的迷你小屋讓編輯部一致讚嘆，也由於相當好奇此作品是在什麼樣的環境下製作，而促成了本次的採訪。「雖然也喜歡手作，但最愛的還是手藝材料！」相崎老師這樣說。

甚至帶著女兒跑去越南進行尋找材料之旅，總之就是積極地蒐集材料。蒐集的材料＆完成的作品都不收起來，且不斷地展示於家中，於是自然變成了居家佈置，打造出了相崎老師特有的手作世界。「無論是收納或日常用品，還是孩子的玩具，我都想盡可能親手製作。」得獎作品的可愛迷你小屋，正是相崎老師自家的寫照。

☑ 將梭編蕾絲配件
　仔細分類

因為身兼梭編蕾絲講師，有空時就先製作好配件儲存，以便當成作品重點使用。裝入巧克力盒或塑膠收納盒中，以方便取出的方式收納。

☑ 縫紉機區域
　以布套遮蓋

以喜愛的Tilda布料拼接製作的布套，覆蓋著家用縫紉機＆拷克機。藉由覆蓋無生氣的縫紉機，將空間氛圍轉變成柔和的印象。

☑ 手作玩具
　也以手作品收納

由擅長木工的父親幫忙製作的收納架，再添加上相﨑老師製作的布套。以布料×木工為室內布置帶來溫度。

☑ 容量驚人的壁櫥
　是材料倉庫

拆除壁櫥的拉門，改造成手藝相關的專用收納庫。吊掛的布包是過去刊登於雜誌的作品，並在其中裝入工具和配件。接著劑或碎布也裝入手作包或收納包中，呈現出可愛又愉快的收納空間。

文青最愛的基本帆布包，
製作方法大公開！

一次擁有19款簡約時尚的自然系手作包，
你背的包決定你的生活態度，簡單就是不敗的流行指標！

想要使用帆布，試著作作看每天都想要拿來背的手作包嗎？

耐用性卓越的帆布，用來製作包包最適合不過了！

每天使用過的痕跡而產生的復古韻味，也是它的魅力之一。

本書收錄無論性別與年齡，任何人都可以每天使用的包款，

集結了極簡風格的精緻設計，

都是可以使用家庭縫紉機裁縫製作完成的簡易包款，

本書作品無加裝釘釦等麻煩的金屬工具，初學者也能安心製作喲！

自然最好！車縫就OK
每一天都想背的自然風帆布包
BOUTIQUE-SHA ◎授權
定價 380 元
平裝 72 頁／彩色＋單色

材料

	M	L
表布寬150cm（棉麻帆布）	30cm	40cm
裡布寬110cm（素色棉麻布）	30cm	50cm
接著襯寬92cm	40cm	60cm
5號尼龍拉鍊	35cm1條	40cm1條
支架口金（高5cm）	20cm1組	24cm1組
底板寬30cm	15cm	15cm

完成尺寸

【M】
寬	24cm	高	16cm	側身	12cm

【L】
寬	28cm	高	20cm	側身	12cm

【製作順序】

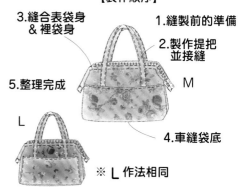

3.縫合表袋身＆裡袋身

1.縫製前的準備

2.製作提把並接縫

5.整理完成

4.車縫袋底

※L作法相同

1.縫製前的準備

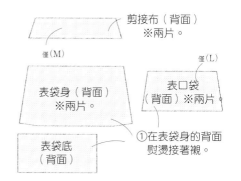

剪接布（背面）※兩片。

僅（M）
表袋身（背面）※兩片。

僅（L）
表口袋（背面）※兩片。

表袋底（背面）

①在表袋身的背面熨燙接著襯。

2.製作提把並接縫

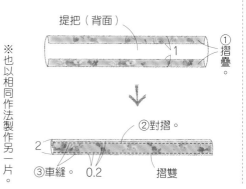

提把（背面）

①摺疊。

②對摺。

③車縫。 0.2

摺雙

※也以相同作法製作另一片。

【裁布圖】

※表袋底・提把・耳絆未附紙型，請依標示的尺寸直裁剪。
※除了指定處（●內的數字）之外，皆外加縫份1cm。

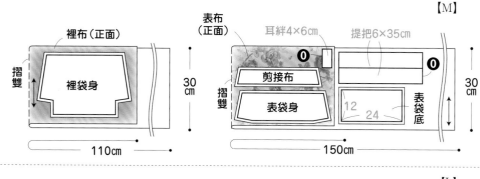

裡布（正面）

摺雙

裡袋身

110cm

30cm

【M】
表布（正面）

耳絆4×6cm
提把6×35cm
0

剪接布
0

摺雙

表袋身

12
24

表袋底

150cm

30cm

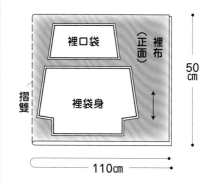

裡布（正面）

裡口袋

摺雙

裡袋身

110cm

50cm

【L】
表布（正面）

耳絆4×6cm

表口袋

0

提把6×42cm
0

摺雙

表袋身

12
28

表袋底

150cm

40cm

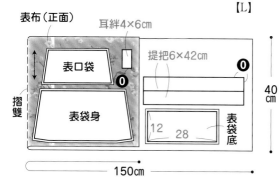

※L

0.5
5　5
中心
④疏縫固定。

提把（正面）

表口袋（正面）

⑤車縫。

1

裡口袋（背面）

表口袋（正面）

⑦車縫。

⑥翻至正面。

0.2
表口袋（正面）

裡口袋（背面）

口袋（正面）

表袋身（正面）

⑧將口袋疊在接縫處。

⑨車縫 0.2　0.2

※也以相同作法製作另一片。

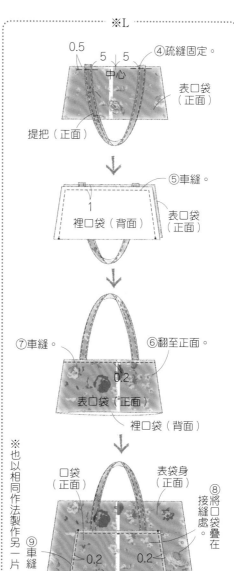

※M

0.5
4.5　4.5
中心
④疏縫固定。

提把（正面）

表袋身（正面）

⑤車縫。

剪接布（背面）

1

表袋身（正面）

剪接布（正面）

0.2
表袋身（正面）

⑥縫份倒向表袋身側車縫。

※也以相同作法車縫另一片。

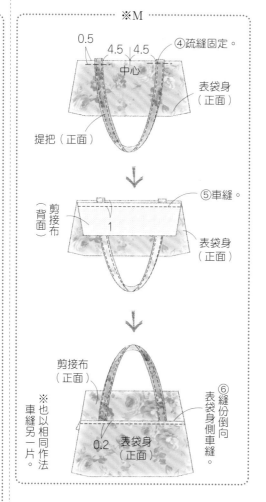

5.整理完成

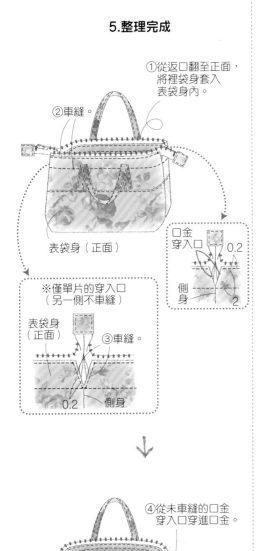

①從返口翻至正面，將裡袋身套入表袋身內。

②車縫。

表袋身（正面）

口金穿入口　0.2

側身

2

※僅單片的穿入口（另一側不車縫）

表袋身（正面）

③車縫。

0.2　側身

④從未車縫的口金穿入口穿進口金。

裡袋身（正面）

⑤口金穿入口藏針縫。

⑥返口進行藏針縫。

4.車縫袋底

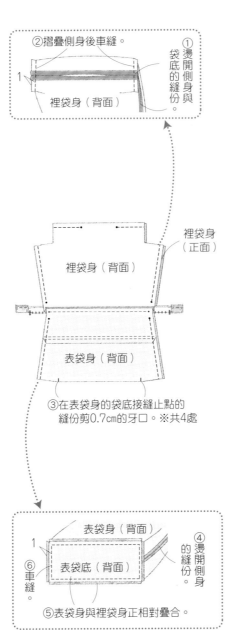

②摺疊側身後車縫。

1

裡袋身（背面）

①燙開側身與袋底的縫份。

裡袋身（背面）

裡袋身（正面）

③在表袋身的袋底接縫止點的縫份剪0.7cm的牙口。※共4處

表袋身（背面）

表袋身（背面）

1

⑥車縫。

表袋底（背面）

④燙開側身的縫份。

⑤表袋身與裡袋身正相對疊合。

3.縫合表袋身＆裡袋身

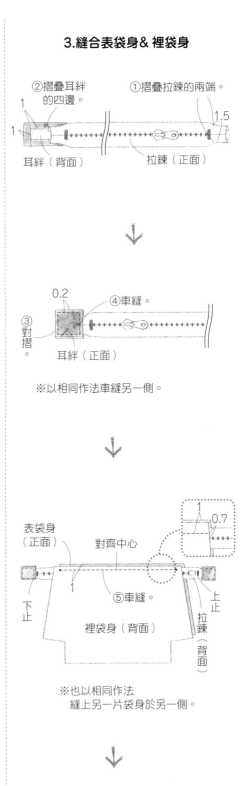

②摺疊耳絆的四邊。

1

①摺疊拉鍊的兩端。

1.5

耳絆（背面）

拉鍊（正面）

0.2

④車縫。

③對摺

耳絆（正面）

※以相同作法車縫另一側。

表袋身（正面）

對齊中心

下止

⑤車縫。

1

裡袋身（背面）

1　0.7

上止

拉鍊（背面）

※也以相同作法縫上另一片袋身於另一側。

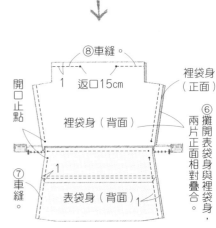

⑧車縫。

開口止點

1　返口15cm

裡袋身（背面）

裡袋身（正面）

⑥攤開表袋身與裡袋身，兩片正面相對疊合。

⑦車縫。

表袋身（背面）　1

Cotton Friend X SWANY Style Bags：

雜誌嚴選！人氣手作包の日常練習簿

一起來作64個人氣款托特包、提包、打褶包、皮革包、肩包、口金包、收納包、貝殼包⋯⋯

本書收錄從2013年起刊登於《Cotton friend》手作誌的鎌倉SWANY提肩包與波奇包連載單元中，精選出的64個人氣包款，搭配簡單易懂的作法、立即可用的紙型，新手也可以輕鬆完成！挑選想作或愛用的包款，再備妥中意的布料，就可以開始動手製作囉！參考鎌倉SWANY的手作風格，一定能讓您作出極富個人特色、百搭又實用的日常愛包！

BOUTIQUE-SHA◎授權
平裝／112頁／彩色＋單色／23.3×29.7cm

製作方法

COTTON FRIEND 用法指南

作品編號

一旦決定要製作的作品，請先確認作品編號與作法頁。

作品編號 ·····

頁數 ·····

原寸紙型

原寸紙型共有A・B兩面。

依作品編號，確認紙型的張數&線條種類。

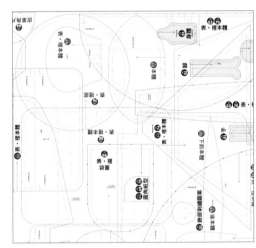

依作品編號&線條種類尋找所需紙型。
紙型 已含縫份 。
請以牛皮紙或描圖紙複寫粗線後使用。

作法頁

翻至作品對應的作法頁，依指示製作。

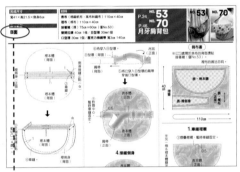

----- 標示該作品的原寸紙型在B面。

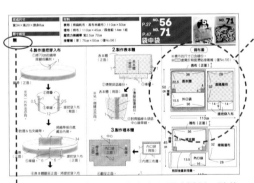

----- 若標示「無」，意指沒有原寸紙型，請依
標示尺寸進行作業。

裁布圖

※標示的尺寸已含縫份。
※□□處需於背面燙貼接著襯（僅No.56）。

無原寸紙型時，請依「裁布圖」製作紙型或直接裁布。標示的數字 已含縫份 。

本書使用的接著襯

Ⓥ＝日本Vilene（株） Ⓢ＝鎌倉Swany（株）

接著鋪棉	包包用接著襯		極厚手	厚	中薄	薄

接著鋪棉
單膠鋪棉・柔軟
アウリスママ（MK-DS-1P）Ⓥ
單面有膠，可熨斗燙貼，成品觸感鬆軟且帶有厚度。

包包用接著襯
Swany Medium Ⓢ
偏硬有彈性，可讓作品擁有張力與保持形狀。

Swany Soft Ⓢ
從薄布到厚布均適用，可使作品展現柔軟質感。

極厚手
接著襯 アウリスママ（AM-W5）Ⓥ
厚如紙板，但彈性佳，可保持形狀堅挺。

厚
接著襯 アウリスママ（AM-W4）Ⓥ
兼具硬度與厚度的扎實觸感。有彈性，可保持形狀堅挺。

中薄
接著襯 アウリスママ（AM-W3）Ⓥ
有張力與韌性，兼具柔軟度，可製作出漂亮的皺褶與褶襉。

薄
接著襯 アウリスママ（AM-W2）Ⓥ
薄，具有略帶張力的自然觸感。

1 全開一片式的拉鍊接縫方法（No.33）

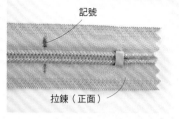

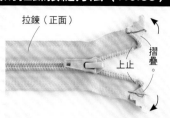

③將拉鍊的拉鍊頭拉至下方，拉鍊正面朝上，疊放於裡本體上。上拉鍊接縫止點與上止對齊，步驟②的記號對準下拉鍊接縫止點。再如圖所示斜向摺疊拉鍊前端，並將弧邊處的拉鍊布邊剪0.3cm的牙口，再在距離邊緣0.5cm處車縫固定。

②由上止開始測量接縫位置＆畫上記號。

①將拉鍊上止的上側拉鍊布邊往正面斜摺。

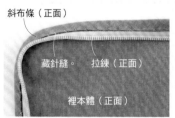

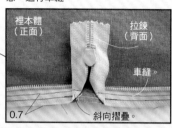

⑤以斜布條包捲縫份，藏針縫縫合。

斜布條始縫端內摺1cm，並與止縫端重疊1cm，剪去多餘的斜布條後，車縫固定。

④參見P.19，將斜布條接縫於表本體側。

下止側是保持拉鍊邊端斜上摺疊的狀態，進行車縫。

2 接縫端布的拉鍊縫法（No.23）

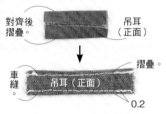

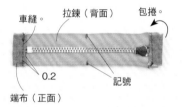

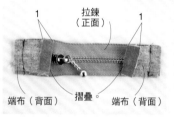

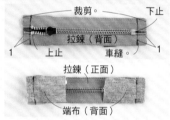

④將吊耳上下兩邊往中央線對合摺疊之後，對摺，再車縫固定上下縫線。

③以端布包捲拉鍊端，再以縫紉機車縫固定，並於拉鍊中心點作記號。

②將端布摺疊1cm。

①在距離上止、下止1cm處裁剪拉鍊布邊。使端布與拉鍊正面相對疊放＆對齊布端，一邊看著拉鍊側一邊車縫固定。

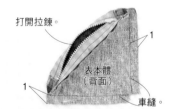

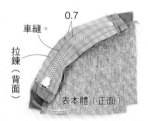

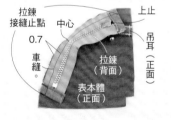

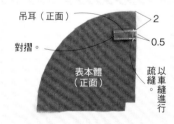

⑧表本體正面相對疊合，縫合兩側脇邊。此時請事先打開拉鍊。

⑦另一側亦以相同方式車縫。

⑥分別對齊表本體與拉鍊中心點＆端布邊端與拉鍊接縫止點，在距離邊緣0.7cm處車縫固定。上止應配置於靠近吊耳側。

⑤對摺吊耳，依圖示位置於表本體上進行疏縫。

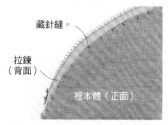

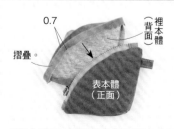

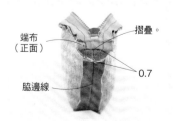

⑫以藏針縫將裡本體與拉鍊布邊接縫在一起。

⑪裡本體亦以步驟⑧至⑨的相同方式車縫，並內摺袋口縫份0.7cm，放入表本體之中。

⑩將拉鍊翻至正面，在距離邊緣0.7cm處摺疊袋口兩側脇邊的縫份後，翻至正面。

⑨對齊脇邊線＆袋底中心線，車縫側身。

3 對接本體的拉鍊接縫方法（No.34・No.69・No.72）

④拆下步驟①的粗縫線。

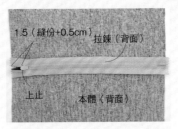

③拉鍊正面朝下，對齊接縫處＆拉鍊的中心，黏貼固定。上止則接縫於距離布端縫份＋0.5cm處。

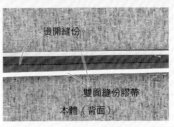

②燙開縫份，於縫份的邊端黏貼上雙面縫份膠帶（請勿黏貼於車縫處）。

①本體正面相對疊合，不作回針縫，以粗針目進行車縫。

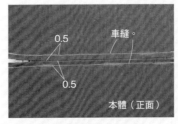

⑥另一側也以相同作法車縫固定。

⑤在距離中線0.5cm處進行車縫。待縫至稍微靠近拉鍊頭時，一邊移動拉鍊頭，一邊車縫。

4 於布片上剪牙口（拉鍊口）的拉鍊接縫方法（No.54・No.66）

③展開布片，並自步驟②中剪開的牙口處伸入剪刀，依記號線裁剪。箭羽處請避免剪到針趾，剪至針趾的0.1cm前左右即可。

②對摺後，以剪刀的刀尖依記號線稍微剪開。

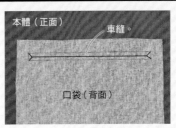

①僅於本體上接縫拉鍊時，將貼邊與本體正面相對疊放；製作附拉鍊的口袋時，將口袋與本體正面相對疊放。再分別對齊記號縫合，並如圖所示畫上箭羽記號。

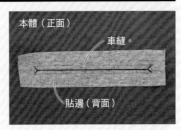

⑥避免貼邊或口袋於正面露出影響美觀，並以熨斗整燙。

⑤燙開縫份。

④將貼邊或口袋由剪開處拉至背面側。

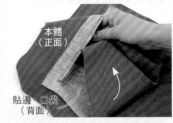

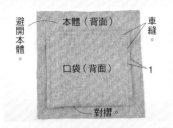

⑩接縫口袋時則是將口袋對摺後，避開本體，車縫兩側脇邊＆上側。

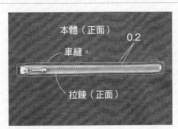

⑨車縫周圍。

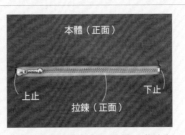

⑧由背面側對齊拉鍊的位置，黏貼上去。

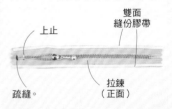

⑦為了避免拉鍊上止的上側打開，以疏縫作止縫，並於正面的拉鍊布邊邊緣黏貼上雙面縫份膠帶（請勿黏貼於車縫處）。

完成尺寸	材料
寬10×高12×側身10cm	表布（平織布）50cm×25cm
原寸紙型	裡布（平織布）60cm×35cm
A面	配布（棉布）35cm×30cm／圓繩 粗0.5cm120cm

花瓣束口袋

1.裁布

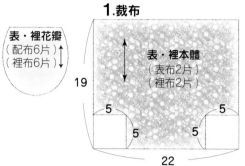

表·裡花瓣
（配布6片↑）
（裡布6片↑）

表·裡本體
（表布2片）
（裡布2片）

19
5　5
5　5
22

※本體無原寸紙型，請依標示的尺寸
（已含縫份）直接裁剪。

2.製作花瓣

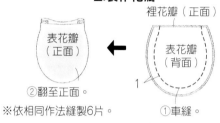

裡花瓣（正面）
表花瓣（正面）
表花瓣（背面）
←
1
②翻至正面。
①車縫。

※依相同作法縫製6片。

3.製作本體

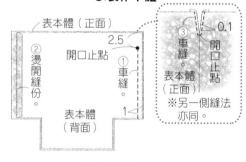

表本體（正面）
②燙開縫份。
2.5
開口止點
①車縫。
1
表本體（背面）

③車縫。
開口止點
0.1
表本體（正面）
※另一側縫法亦同。

※裡本體的作法亦同。

5.穿入束口繩

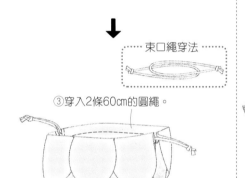

裡花瓣（正面）
1.5　②車縫。
開口止點
表本體（正面）
①翻至正面，縫合返口。

↓

束口繩穿法

③穿入2條60cm的圓繩。

4.疊合表本體＆裡本體

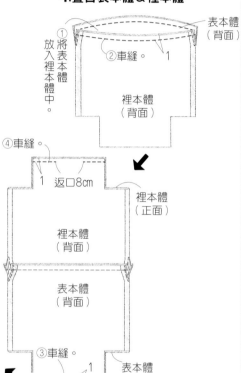

0.5
表花瓣（正面）　表花瓣（正面）　表花瓣（正面）
④翻至正面。
⑤暫時車縫固定。
表本體（正面）

①將表本體放入裡本體中。
②車縫。
1
表本體（背面）
④車縫。
裡本體（背面）
③車縫。
返口8cm
裡本體（正面）
裡本體（背面）
表本體（背面）
1
表本體（正面）

⑤側身
摺疊＆車縫
表本體（背面）
1
※另一側＆裡本體的作法亦同。

完成尺寸	材料
直徑10×高7cm	表布（平織布）40cm×25cm
原寸紙型	裡布（平織布）40cm×25cm
A面	單膠鋪棉 40cm×25cm
	塑鋼拉鍊 20cm1條

圓底波奇包

1.裁布

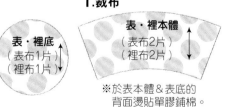

表·裡本體
（表布2片）
（裡布2片）

表·裡底
（表布1片）
（裡布1片）

※於表本體＆表底的
背面燙貼單膠鋪棉。

2.接縫拉鍊

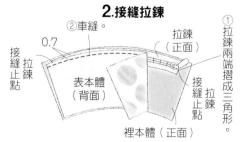

②車縫。
0.7
拉鍊
拉鍊（正面）
接縫止點
接縫止點
表本體（背面）
接縫止點
①拉鍊兩端摺成三角形。
裡本體（正面）

依P.33步驟5-①至⑥相同作法接縫拉鍊。
※另一側縫法亦同。

3.疊合表本體＆裡本體

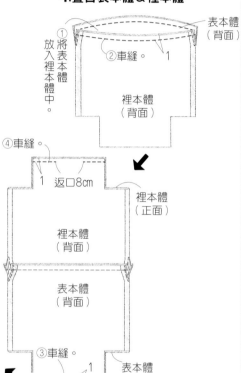

表本體（正面）
表本體（背面）
0.7
①車縫。
裡本體（背面）
返口5cm
表本體（正面）
裡本體（正面）

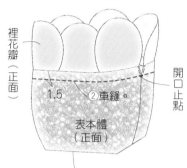

0.7
表底（背面）
②燙開縫份。
表本體（背面）
③車縫。
裡本體（背面）
裡底（背面）
0.7

↓

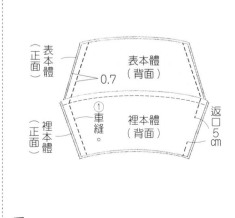

④縫合返口，翻至正面。
表本體（正面）
表底（正面）

完成尺寸	材料	P.06_ No.02
寬22×高8cm	表布（平織布）25cm×25cm	
原寸紙型	裡布（平織布）25cm×20cm	**筆袋**
A面	單膠鋪棉 25cm×20cm／尼龍拉鍊 30cm 1條	

4.完成！

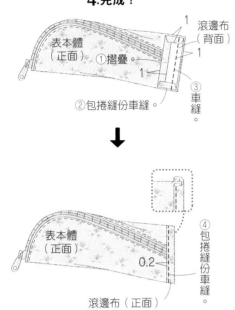

滾邊布（背面）
1
1
①摺疊。
表本體（正面）
②包捲縫份車縫。
③車縫。

表本體（正面）
④包捲縫份車縫。
滾邊布（正面）
0.2

3.縫合表·裡本體

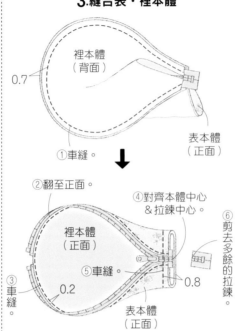

裡本體（背面）
0.7
①車縫。
表本體（正面）

②翻至正面。
④對齊本體中心&拉鍊中心。
裡本體（正面）
⑤車縫。
0.2
③車縫
⑥剪去多餘的拉鍊。
0.8
表本體（正面）

1.裁布

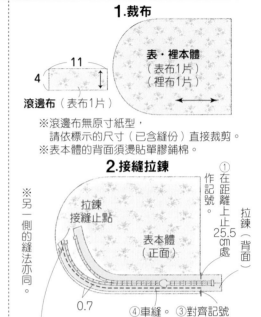

表·裡本體
（表布1片）
（裡布1片）
11
4
滾邊布（表布1片）

※滾邊布無原寸紙型，
　請依標示的尺寸（已含縫份）直接裁剪。
※表本體的背面須燙貼單膠鋪棉。

2.接縫拉鍊

①在距離上止點25.5cm處作記號。
拉鍊（背面）
拉鍊接縫止點
表本體（正面）
0.7
④車縫。
③對齊記號&布端。
②參見P.33步驟5-①至③，
　將拉鍊布端摺成三角形。

※另一側的縫法亦同。

完成尺寸	材料（■…L·■…S·■…共用）	P.10_ No.17
L：寬14.5×高26.5cm	表布（平紋精梳棉布）30cm×35cm　20cm×20cm	
S：寬8×高14.5cm	裡布（平紋精梳棉布）30cm×35cm　20cm×20cm	
原寸紙型	單膠鋪棉 30cm×35cm　20cm×20cm	**剪刀套（S·L）**
A面	皮釦 2.5cm·2cm 1個	

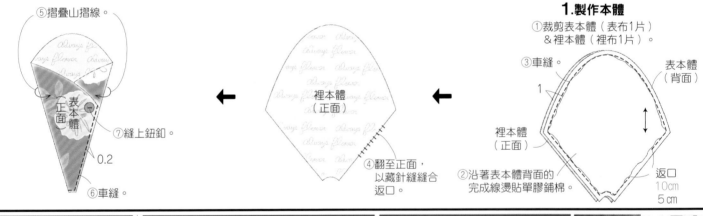

⑤摺疊山摺線。
表本體（正面）
⑦縫上鈕釦。
0.2
⑥車縫。

裡本體（正面）
④翻至正面，以藏針縫縫合返口。

1.製作本體

①裁剪表本體（表布1片）&裡本體（裡布1片）。
③車縫。
表本體（背面）
1
裡本體（正面）
②沿著表本體背面的完成線燙貼單膠鋪棉。
返口 10cm 5cm

完成尺寸	材料	P.15_ No.36 P.48_ 74
寬45×高24cm	表布（棉麻帆布）50cm×30cm	
原寸紙型	裡布（平織布）50cm×30cm	**餐具收納巾**
B面	綁繩 寬1cm 50cm	

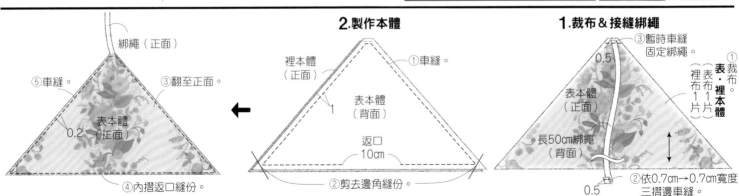

綁繩（正面）
⑤車縫。
③翻至正面。
表本體（正面）
0.2
④內摺返口縫份。

2.製作本體

①車縫。
裡本體（正面）
表本體（背面）
1
返口 10cm
②剪去邊角縫份。

1.裁布＆接縫綁繩

③暫時車縫固定綁繩。
0.5
表本體（正面）
長50cm綁繩（背面）
①裁布。表·裡本體（表布1片／裡布1片）
②依0.7cm→0.7cm寬度三摺邊車縫。
0.5

完成尺寸	材料	
寬16×高9.5cm	**表布**（平織布）25cm×30cm	
原寸紙型	**裡布**（平織布）25cm×30cm	**P.06_** No. 04
A面	**單膠鋪棉** 25cm×30cm	立體扇形波奇包
	塑鋼拉鍊 20cm 1條	

4.完成！

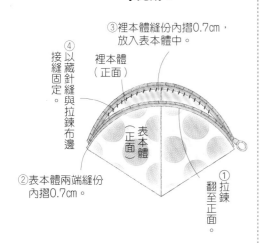

③裡本體縫份內摺0.7cm，放入表本體中。

④以藏針縫接縫固定與拉鍊布邊

裡本體（正面）

表本體（正面）

②表本體兩端縫份內摺0.7cm。

①翻至正面。拉鍊

3.接縫拉鍊

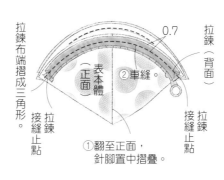

拉鍊布端摺成三角形。

表本體（正面）

0.7

②車縫

拉鍊（背面）

接縫拉鍊止點

接縫拉鍊止點

①翻至正面，針腳置中摺疊。

※依P.33步驟5-①至⑤相同作法接縫拉鍊。

1.裁布

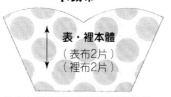

表·裡本體
（表布2片）
（裡布2片）

※表本體的背面須燙貼單膠鋪棉。

2.製作本體

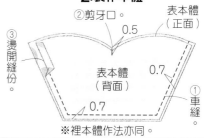

②剪牙口。
0.5

表本體（正面）

③燙開縫份。

表本體（背面）

0.7

①車縫。

0.7

※裡本體作法亦同。

完成尺寸	材料	
寬9×高2.5cm	**表布**（平織布）15cm×5cm　**紙板** 10cm×5cm	
原寸紙型	**棉襯** 10cm×5cm　**不織布** 10cm×5cm	**P.07_** No. 06
A面	**自動髮夾** 7cm 1個	一字髮夾

④以白膠黏貼不織布。

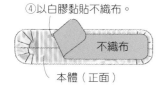

不織布

本體（正面）

3.黏上自動髮夾

①以接著劑黏上自動髮夾。

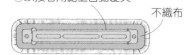

不織布

2.製作本體

①依本體·棉襯·紙板的順序重疊。

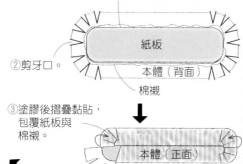

紙板

②剪牙口。

本體（背面）

棉襯

③塗膠後摺疊黏貼，包覆紙板與棉襯。

本體（正面）

1.裁布

本體
（表布1片）

紙板·棉襯
（各1片）

不織布（1片）

完成尺寸	材料	
寬12×高6cm	**表布**（平織布）30cm×10cm	
原寸紙型	**配布**（平織布）20cm×10cm	No. 08
無	**填充棉** 適量	**P.07_** 附口袋針插

④翻至正面。

⑤自返口塞入棉花。

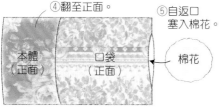

本體（正面）

口袋（正面）

棉花

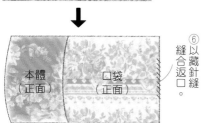

本體（正面）

口袋（正面）

⑥以藏針縫縫合返口。

2.製作本體

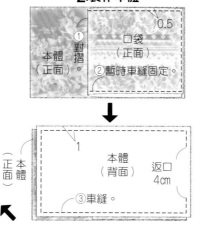

0.5

①對摺。

本體（正面）

口袋（正面）

②暫時車縫固定。

1

本體（正面）

本體（背面）

返口
4cm

③車縫。

1.裁布

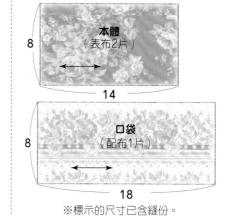

8

本體
（表布2片）

14

8

口袋
（配布1片）

18

※標示的尺寸已含縫份。

茶壺針插

完成尺寸	材料
寬約9.5×高約6.5cm	表布（平織布）30cm×20cm
原寸紙型	配布（平織布）5cm×5cm
A面	紙板 10cm×5cm／圓繩 粗0.8cm 10cm
	毛球織帶 寬0.5cm 15cm／填充棉 適量

1.裁布

※壺把無原寸紙型，請依標示尺寸
（已含縫份）直接裁剪。

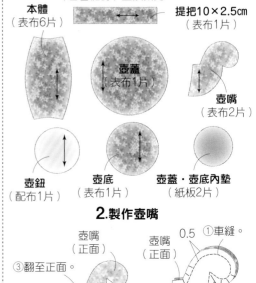

本體（表布6片）　　**提把**10×2.5cm（表布1片）

壺蓋（表布1片）　　**壺嘴**（表布2片）

壺鈕（配布1片）　　**壺底**（表布1片）　　**壺蓋・壺底內墊**（紙板2片）

2.製作壺嘴

①車縫。　0.5
②剪牙口。
③翻至正面。
壺嘴（正面）
壺嘴（背面）
④以錐子塞入棉花。

3.製作壺把

③依P.81的No.24步驟
③至⑨相同作法，翻至
正面再穿入10cm圓繩。

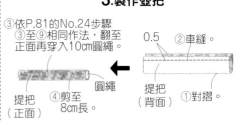

①對摺。
②車縫。　0.5
④剪至8cm長。
圓繩
提把（正面）
提把（背面）

4.製作本體

①車縫。
本體（背面）　本體（正面）　0.5
②另一側以相同作法再接縫一片。
③燙開縫份。
※以相同作法再縫製1組。
本體（背面）　本體（背面）　本體（背面）

6.製作＆接縫壺蓋

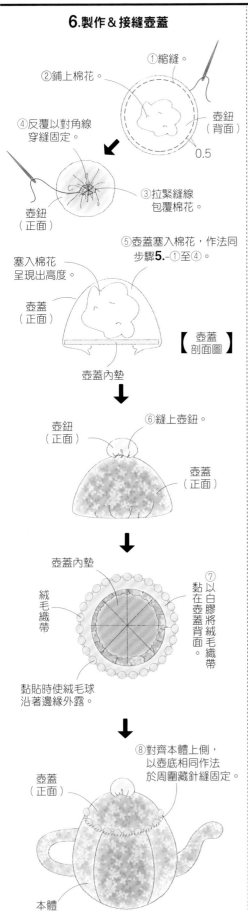

①縮縫。
②鋪上棉花。
④反覆以對角線穿縫固定。
壺鈕（背面）
③拉緊縫線包覆棉花。
壺鈕（正面）

⑤壺蓋塞入棉花，作法同步驟5.-①至④。

塞入棉花呈現出高度。
壺蓋（正面）
壺蓋內墊
【壺蓋剖面圖】

⑥縫上壺鈕。
壺鈕（正面）
壺蓋（正面）
壺蓋內墊

⑦以白膠將絨毛織帶黏在壺蓋背面。
絨毛織帶
黏貼時使絨毛球沿著邊緣外露。

⑧對齊本體上側，以壺底相同作法於周圍藏針縫固定。
壺蓋（正面）
本體（正面）

---

④兩片本體正面相對疊合，包夾壺嘴＆提把。

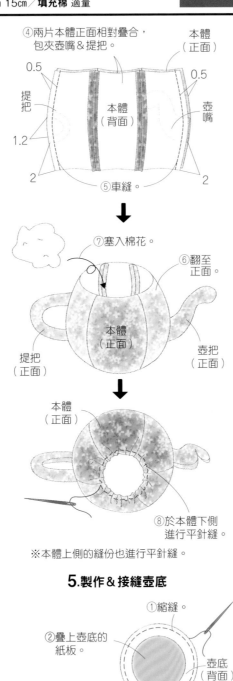

0.5
提把　1.2　2
本體（背面）
壺嘴　0.5　2
⑤車縫。

⑦塞入棉花。
⑥翻至正面。
提把（正面）
本體（正面）
壺把（正面）

本體（正面）
⑧於本體下側進行平針縫。

※本體上側的縫份也進行平針縫。

5.製作＆接縫壺底

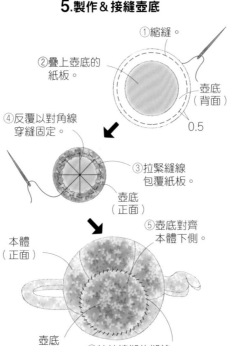

①縮縫。
②疊上壺底的紙板。
壺底（背面）
0.5

④反覆以對角線穿縫固定。
③拉緊縫線包覆紙板。
壺底（正面）

⑤壺底對齊本體下側。
本體（正面）
壺底（正面）
⑥抽拉縮縫的縫線，縫份重疊0.5cm，於周圍進行藏針縫。

完成尺寸	材料	
寬18×高15×側身3cm	表布（棉布）30cm×30cm	
	配布（棉布）40cm×30cm	**P.08_ No. 11**
原寸紙型	裡布（棉布）55cm×35cm	**抓褶波奇包**
無	金屬拉鍊 16cm 1條	

1.裁布

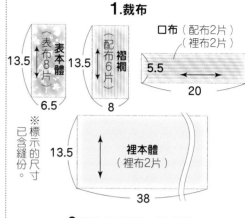

表本體（表布8片）
13.5 × 6.5

配布褶襉（配布6片）
13.5 × 8

口布（配布2片）（裡布2片）
5.5 × 20

※標示的尺寸已含縫份。

裡本體（裡布2片）
13.5 × 38

2.製作表本體＆裡本體

①4片表本體＆3片褶襉交替接縫，並燙開縫份。

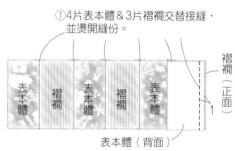

表本體（正面）　褶襉（正面）

表本體（背面）

※另一片作法亦同。

3.疊合表本體＆裡本體

①參見P.33步驟**5**，接縫拉鍊＆製作本體。

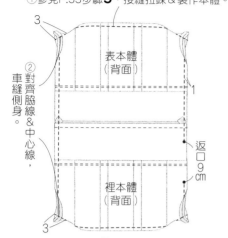

③3
②對齊脇線＆中心線，車縫側身。
表本體（背面）
1
裡本體（背面）
返口9cm
3

口布（正面）
③翻至正面並縫合返口。
表本體（正面）

---

②褶疊褶襉。

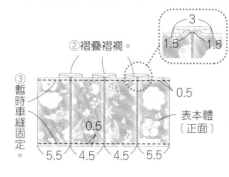

③暫時車縫固定。
0.5
0.5
表本體（正面）
5.5　4.5　4.5　5.5
3
1.5　1.5

※另一片＆裡本體作法亦同。

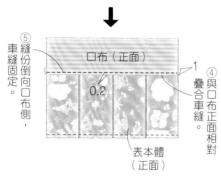

⑤縫份倒向口布側，車縫固定。
④與口布正面相對疊合車縫。
口布（正面）
1
0.2
表本體（正面）

※另一面＆裡本體作法亦同。

完成尺寸	材料	
直徑5×高約2cm	表布A（平織布）10×10cm	
	表布B（平織布）20×5cm	**P.07_ No. 09**
原寸紙型	表布C（平織布）10×10cm	**茶杯針插**
無	包釦芯 直徑5cm1個	
	保特瓶蓋 1個／填充棉 適量	

1.裁布

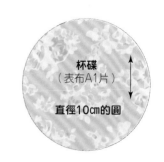

杯碟（表布A1片）
直徑10cm的圓

側面（表布B1片）
3.5 × 12

針插墊（表布C1片）
直徑8cm的圓

杯耳（表布B1片）
5 × 4

※標示的尺寸已含縫份。

2.製作杯身

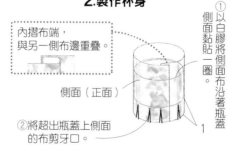

①以白膠將側面布沿著瓶蓋側面黏貼一圈。
內摺布端，與另一側布邊重疊。
側面（正面）
②將超出瓶蓋上側面的布剪牙口。
1

側面（正面）
③摺疊＆黏合。

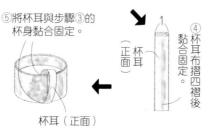

④杯耳布摺四褶後黏合固定。
杯耳（正面）
⑤將杯耳與步驟③的杯身黏合固定。
1

3.製作杯碟

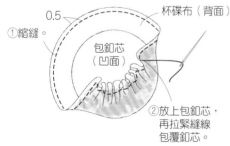

0.5
①縮縫。
杯碟布（背面）
包釦芯（凹面）
②放上包釦芯，再拉緊縫線包覆釦芯。

4.製作針插墊

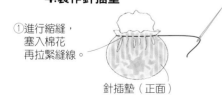

①進行縮縫，塞入棉花再拉緊縫線。
針插墊（正面）

5.組裝

①將針插墊塞入杯身中，黏貼固定。
②黏上杯碟。

完成尺寸	材料		P.08_ No. 13
寬29×高34cm	**表布A**（棉質牛津布）70cm×25cm		
原寸紙型	**表布B**（棉麻布）70cm×25cm／**接著襯**（薄）70cm×25cm		
A面	**裡布A**（棉布）70cm×40cm／**裡布B**（棉布）70cm×25cm		
	支架口金（寬18cm高9cm）1個		

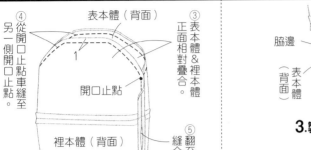

1.裁布

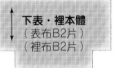

④從開口止點另一側開口止點車縫至

表本體（背面）

③表本體&裡本體正面相對疊合。

⑤翻至正面縫合返口。

裡本體（背面）

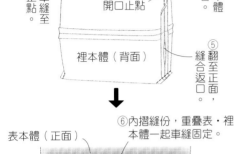

上表·裡本體（表布A2片）（裡布A2片）

下表·裡本體（表布B2片）（裡布B2片）

※下表本體的背面須燙貼接著襯。

口布（裡布A1片） 7 32

提把（裡布A1片） 4 27

※口布&提把無原寸紙型，請依標示的尺寸（已含縫份）直接裁剪。

表本體（正面）

⑥內摺縫份，重疊表·裡本體一起車縫固定。

0.2

開口止點

2.製作本體

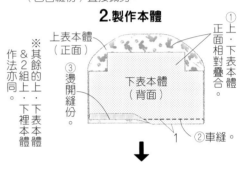

上表本體（正面）

①上·下表本體正面相對疊合。

③燙開縫份。

下表本體（背面）

②車縫

1

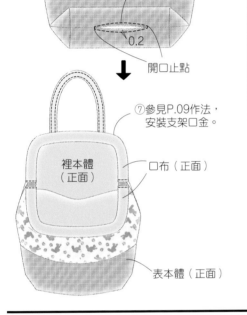

裡本體（正面）

口布（正面）

表本體（正面）

⑦參見P.09作法，安裝支架口金。

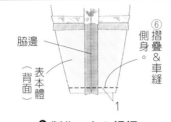

脇邊

表本體（背面）

⑥側身

摺疊&車縫

1

3.製作口布&提把

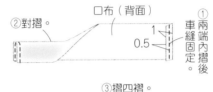

②對摺。

口布（背面）

①車縫固定。兩端內摺後

1 0.5

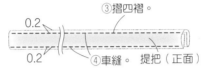

③摺四褶。

0.2

0.2

④車縫。 提把（正面）

4.疊合表本體&裡本體

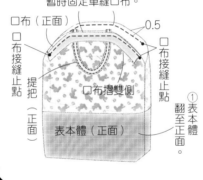

②於單側夾入提把，暫時固定車縫口布。

口布（正面）

0.5

口布接縫止點

提把（正面）

口布摺雙側

表本體（正面）

口布接縫止點

①表本體翻至正面。

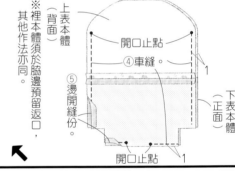

上表本體（背面）

開口止點

④車縫。

⑤燙開縫份。

下表本體（正面）

1

※其餘的上·下表上·下裡本體作法亦同。

※裡本體須於脇邊預留返口，其他作法亦同。

開口止點

1

完成尺寸	材料		P.12_ No. 28
寬6.5×高7×側身1cm	**表布**（細棉布）20cm×10cm		
原寸紙型	**配布**（細棉布）20cm×20cm		
A面	**單膠鋪棉** 20cm×15cm		
	蛙嘴口金（寬6.5cm高3.5cm）1個		

3.疊合表本體&裡本體

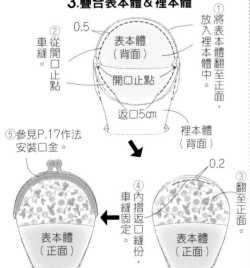

②車縫。

0.5

①從開口止點車縫。

表本體（背面）

①將表本體放入裡本體中，翻至正面。

開口止點

返口5cm

裡本體（背面）

⑤參見P.17作法安裝口金。

0.2

④內摺返口縫份，車縫固定。

③翻至正面。

表本體（正面）

表本體（正面）

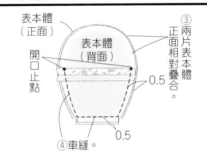

表本體（正面）

①兩片表本體正面相對疊合。

開口止點

0.5

0.5

④車縫。

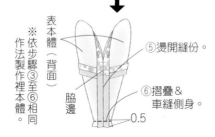

※依作法步驟③至⑥相同作法製作裡本體。

表本體（背面）

脇邊

⑤燙開縫份。

⑥摺疊&車縫側身。

0.5

1.裁布

裡本體（配布2片）

上表本體（表布2片）

下表本體（配布2片）

※上·下表本體背面須燙貼單膠鋪棉。

2.製作表本體&裡本體

上表本體（背面）

②燙開縫份。

①上·下表本體正面相對疊合車縫。

下表本體（背面）

0.5

※另一片作法亦同。

完成尺寸	材料
直徑7×高11cm	**表布**（棉布）20cm×20cm
原寸紙型	**紙板** 10cm×10cm／**填充棉** 適量
無	**梅森罐**（直徑7cm×高10cm）1個

P.08_ No. **12** 玻璃罐針插

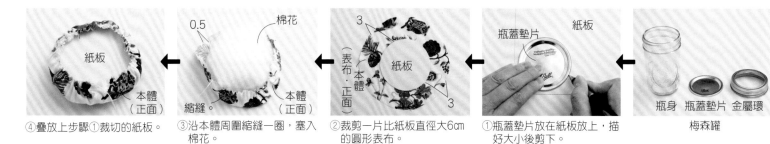

④疊放上步驟①裁切的紙板。

③沿本體周圍縮縫一圈，塞入棉花。

②裁剪一片比紙板直徑大6cm的圓形表布。

①瓶蓋墊片放在紙板放上，描好大小後剪下。

梅森罐
瓶身　瓶蓋墊片　金屬環

⑨轉緊瓶蓋，等待接著劑乾燥。

⑧於瓶蓋墊片的正面塗上接著劑，黏貼於⑦的下側。

⑦將步驟③至⑤製作的本體由下方套入金屬環。

⑥將金屬環塗上接著劑。

⑤拉緊縫線，並穿縫固定。

完成尺寸	材料
寬 32×高 30×側身12cm	**表布A**（棉質牛津布）40cm×55cm／**表布B**（棉布）40cm×35cm
原寸紙型	**裡布A**（棉布）40cm×55cm／**裡布B**（棉布）40cm×35cm
無	**接著襯**（厚）40cm×35cm／**接著襯**（中薄）40cm×60cm
	壓克力棉織帶 寬3cm 100cm／**塑膠插扣** 3cm 1組

P.09_ No. **16** 便當袋

3.完成！

②車縫。

①縫合返口，翻至正面。

表本體（正面）

裡本體（正面）

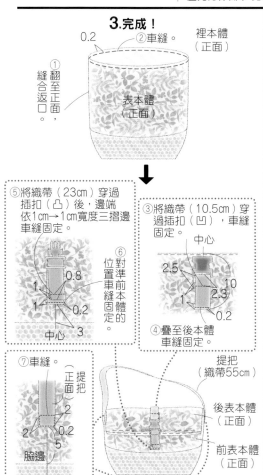

⑤將織帶（23cm）穿過插扣（凸）後，邊端依1cm→1cm寬度三摺邊車縫固定。

⑥位置對準前本體車縫固定的。

③將織帶（10.5cm）穿過插扣（凹），車縫固定。

中心

2.5　　　10
　　　2.3
0.2

④疊至後本體車縫固定。

⑦車縫。

正面提把
2
2　0.2
5
脇邊

提把（織帶55cm）

後表本體（正面）
前表本體（正面）

裡底布（正面）

返口 12cm

⑥車縫。

⑤使表本體・裡本體各自正面相對疊合。

④燙開縫份。

裡本體（背面）

表本體（背面）

⑦燙開縫份。

表底布（正面）

裡本體（背面）
表本體（背面）

※另一側縫法亦同。

⑧摺疊&車縫側身。

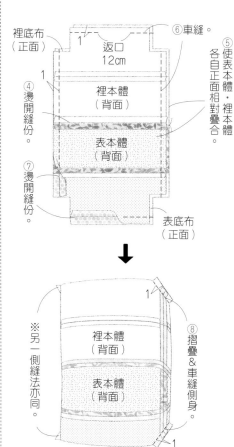

1.裁布

34
表・裡底布（表布B2片）／（裡布B2片）
6
6
15

34
25
表・裡本體（表布A2片／裡布A2片）

※標示的尺寸已含縫份。
※表本體背面燙貼中薄接著襯，表底布背面燙貼厚接著襯。

2.製作本體

①車縫。
②燙開縫份。

表底布（背面）
1
表本體（正面）

※另一組表本體・表底布&兩組裡本體・裡底布作法亦同。

③車縫。

裡本體（背面）
1
表本體（正面）

裡底布（背面）
表底布（正面）

※以相同縫法再接縫一組。

完成尺寸	材料	
直徑5cm	表布（平紋精梳棉布）15cm×10cm	

<table>
<tr><td>完成尺寸
直徑5cm

原寸紙型
無</td><td>材料
表布（平紋精梳棉布）15cm×10cm
棉襯 15cm×15cm
蔥紗彎曲織帶 寬0.7cm 20cm
捲尺（直徑5cm）1個／流蘇吊飾 1個</td><td>P.P.10_ No.18
捲尺
</td></tr>
</table>

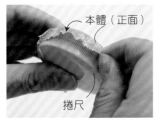 ← 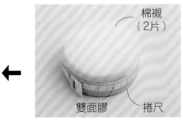 ←  ←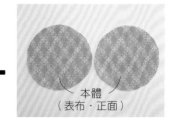

④以表布包覆捲尺外殼，並將表布施力拉平，以免出現皺褶。

③貼上兩片與捲尺外殼等大的棉襯，側面則貼上寬5mm的雙面膠。

②於捲尺外殼正面塗上白膠，注意按鈕不要沾到膠。

①裁剪兩片比捲尺直徑大2cm的圓形表布。

 ←  ←  ←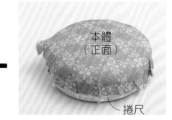

⑧依步驟②至⑦相同作法黏貼另一側。

⑦於抽出口的邊緣布料上塗膠，以錐子將布摺入捲尺抽出口中＆黏貼固定。

⑥於抽出口處剪一個開口。

⑤避開抽出口，將布黏至雙面膠上。

 ←  ←  ←

⑫將捲尺端裝上流蘇等喜歡的吊飾。

⑪拉出捲尺後，以夾子夾住固定，將前端的拉片剪下。

⑩將蔥紗彎曲織帶兩端塗膠，摺入抽出口中＆黏貼固定。

⑨貼一圈蔥紗彎曲織帶，遮住接黏處的布邊。並將織帶兩端各預留1cm後剪斷。

<table>
<tr><td>完成尺寸
寬17×高9.5cm

原寸紙型
A面</td><td>材料
表布（平織布）30cm×30cm
裡布（平織布）30cm×30cm
配布（平織布）40cm×40cm
單膠鋪棉 30cm×30cm／鈕釦 2cm 1個</td><td>P.06_ No.03
眼鏡袋
</td></tr>
</table>

1.製作本體

①參見P.19，以配布製作寬1cm長100cm的滾邊用斜布條。

②剪下10cm斜布條，對摺車縫。

③裁剪表本體（表布1片）＆裡本體（裡布1片）。

④於表本體的背面燙貼單膠鋪棉。

⑤對摺釦絆。

⑥暫時車縫固定。

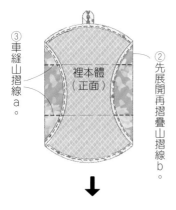

③車縫山摺線a。
②先展開再摺疊山摺線b。
④縫上鈕釦

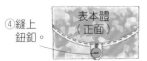

⑧上翻釦絆後，車縫固定。
⑦參見P.19進行滾邊。

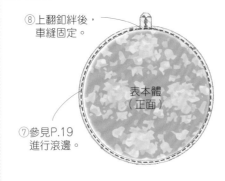

2.摺疊本體

①摺疊山摺線a。

78

完成尺寸

寬8×高7.5cm

原寸紙型

無

材料

表布（棉布）25cm×15cm／配布（棉布）25cm×5cm
裡布（棉布）25cm×15cm
創意組合拉鍊 20cm
創意組合拉鍊用拉鍊頭 1個

P.10_ No.**20**
粽子波奇包

1.製作表本體

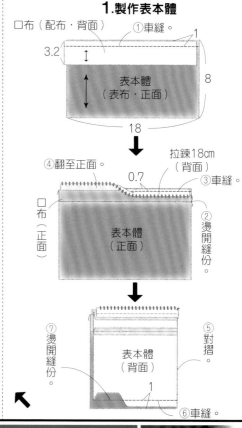

口布（配布・背面）　①車縫。　1
3.2
表本體（表布・正面）　8
口布（正面）

④翻至正面。
拉鍊18cm（背面）
0.7
③車縫。
②燙開縫份。
表本體（正面）

⑦燙開縫份。
口布（正面）
表本體（背面）
⑤對摺。
⑥車縫。
1

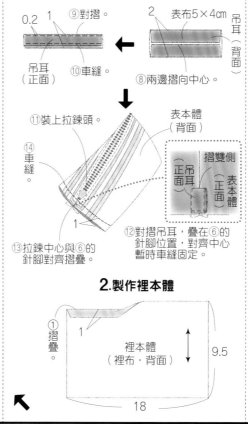

2　0.2　1　⑨對摺。
吊耳（正面）
⑩車縫。
2　表布5×4cm　吊耳（背面）
⑧兩邊摺向中心。

⑪裝上拉鍊頭。
⑭車縫。
表本體（背面）
摺雙側
正吊耳正面
表本體（正面）
1
⑫對摺吊耳，疊在⑥的針腳位置，對齊中心暫時車縫固定。
⑬拉鍊中心與⑥的針腳對齊摺疊。

2.製作裡本體

①摺疊。　1
裡本體（裡布・背面）　9.5
18

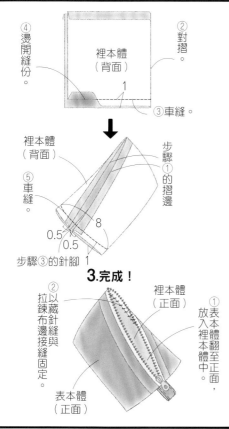

④燙開縫份。
裡本體（背面）
②對摺。
裡本體（背面）
③車縫。

裡本體（背面）
步驟①的摺邊
⑤車縫。
0.5　0.5　8
步驟③的針腳　1

3.完成！

裡本體（正面）
①放表本體翻至正面，裝入裡本體中。
以拉鍊藏布邊針縫接縫與縫固定。
表本體（正面）

完成尺寸

寬4.5×高7cm

原寸紙型

A面

材料

表布（平紋精梳棉布）40cm×10cm
配布（亞麻布）15cm×15cm
紙板 10cm×10cm
填充棉 適量／鈕釦 1cm 1顆

P.10_ No.**19**
鞋子針插

2.製作腳背帶

①依❶至❹的順序摺疊。
②車縫。
腳背帶（正面）
將邊端插入❷的摺份之間。

3.製作本體

①車縫。
裡本體作法亦同。
表本體（背面）
0.5
②燙開縫份。

⑥剪牙口。
⑤車縫。
表本體（背面）
裡本體（正面）
0.5
⑦翻至正面。
④正面相對疊合。

1.裁布

鞋底（表布1片）
表・裡本體（表布2片）
鞋底（紙板1片）
腳背帶（表布1片）　4　8
針插墊（配布1片）
直徑12cm的圓

※腳背帶＆針插墊無原寸紙型，請依標示的尺寸（已含縫份）直接裁剪。

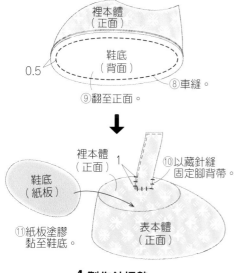

裡本體（正面）
鞋底（背面）
0.5
⑧車縫。
⑨翻至正面。

裡本體（正面）　1
⑩以藏針縫固定腳背帶。
鞋底（紙板）
⑪紙板塗膠黏至鞋底。
表本體（正面）

4.製作針插墊

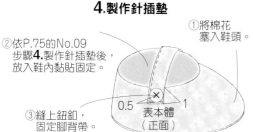

②依P.75的No.09步驟4.製作針插墊後，放入鞋內黏貼固定。
①將棉花塞入鞋頭。
③縫上鈕釦，固定腳背帶。
0.5　表本體（正面）　1

餐墊 — P.09_ No.15

完成尺寸
寬42×高30cm

原寸紙型
無

材料
表布（拼布）45cm×35cm
配布（棉麻布）60cm×35cm

1.製作本體

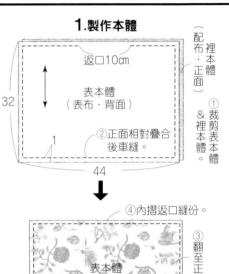

（裡本體・正面）
（配布・裡本體・正面）
① 裁剪表本體&裡本體。

返口10cm
表本體（表布・背面）
32
② 正面相對疊合後車縫。
1
44

④ 內摺返口縫份。
③ 翻至正面。
表本體（正面）
0.5
⑤ 車縫。

2.縫上蝴蝶結

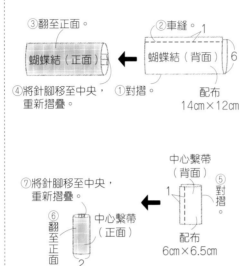

③ 翻至正面。
② 車縫。 1
蝴蝶結（正面）
蝴蝶結（背面） 6
① 對摺。
配布 14cm×12cm
④ 將針腳移至中央，重新摺疊。

⑦ 將針腳移至中央，重新摺疊。
中心繫帶（背面）
1
⑤ 對摺。
⑥ 翻至正面。
中心繫帶（正面）
2
配布 6cm×6.5cm

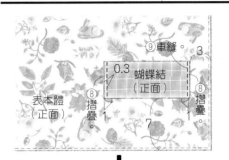

⑨ 車縫。 3
0.3
蝴蝶結（正面）
表本體（正面）
⑧ 摺疊。 1
7
摺疊。 1

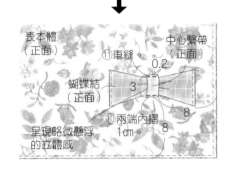

⑪ 車縫。
0.2
中心繫帶（正面）
蝴蝶結（正面）
3
⑩ 兩端內摺 1cm
8
8
呈現略微懸浮的立體感

筆插 — P.15_ No.38

完成尺寸
寬3.5×高15cm

原寸紙型
無

材料
表布（布邊布）6cm×50cm
問號鉤 9mm 1個

1.裁布

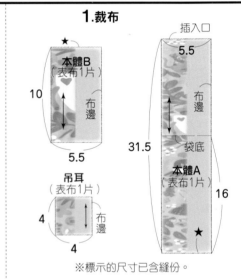

插入口
★
5.5
本體B（表布1片）
10
布邊
5.5
31.5
袋底
本體A（表布1片）
16
★

吊耳（表布1片）
4
布邊
4

※標示的尺寸已含縫份。

2.製作本體

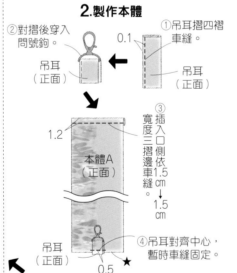

① 吊耳摺四褶車縫。
0.1
吊耳（正面）

② 對摺後穿入問號鉤。
吊耳（正面）

③ 插入口側依1.5cm
寬度三摺邊車縫。
1.2
本體A（正面）
1.5cm
1.5cm

④ 吊耳對齊中心，暫時車縫固定。
吊耳（正面）
0.5 ★

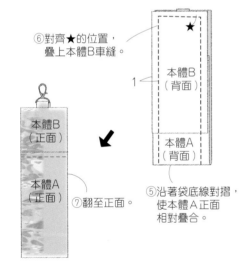

⑥ 對齊★的位置，疊上本體B車縫。
★
本體B（背面）
1
本體A（背面）

本體B（正面）
本體A（正面）
⑦ 翻至正面。

⑤ 沿著袋底線對摺，使本體A正面相對疊合。

扇形波奇包 — P.11_ No.23

完成尺寸
寬7.5×高7.5×側身2cm

原寸紙型
A面

材料
表布（棉布）30cm×15cm ／ 裡布（棉布）30cm×15cm
單膠鋪棉 30cm×15cm
金屬拉鍊 10cm 1條

1.裁布

5
吊耳（表布1片）
4

2
端布（裡布2片）
4

表・裡本體（表布2片）（裡布2片）

於表本體的背面燙貼單膠鋪棉

※吊耳&端布無原寸紙型，請依標示的尺寸（已含縫份）直接裁剪。

2.製作本體

拉鍊（正面）
表本體（正面）
吊耳（正面）
端布（正面）

參見P.69步驟2製作本體。

完成尺寸	材料
手環一圈約18cm	表布（棉布）20cm×20cm
原寸紙型	配布（棉布）15cm×15cm／圓繩 粗0.5cm 20cm
無	夾片 寬3cm 2個／單圈 3mm 2個
	龍蝦釦 6mm 1個／項鍊扣頭 7mm 1個

③插入返裡針。

返裡針：輔助繩狀布條翻面的工具。以前端的勾子勾住布端向後拉出。

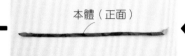

②對摺，預留0.5cm縫份車縫。

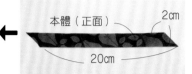

①參見P.19，製作寬2cm長20cm斜布條（表布2片・配布1片）。

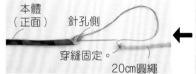

⑦以粗線穿縫固定20cm圓繩的一端，從針孔的那一頭穿入本體。

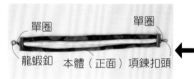

⑥翻至正面，拆下返裡針。

⑤將勾住部分向內摺入，返裡針慢慢向後拉出。

④以返裡針的勾子勾住本體端部，向後拉出。

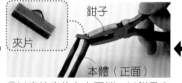

⑪以單圈接連龍蝦釦＆項鍊扣頭。

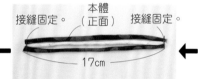

⑩以夾片夾住左右兩端，以鉗子夾緊。

⑨剪至17cm。以表布製作2條，以配布製作1條。整理好3條的形狀，兩端各自接縫固定。

⑧拉引縫線，將圓繩穿進布條內。

完成尺寸	材料
寬23×高30cm	表布（平紋精梳棉布）75cm×45cm
原寸紙型	裡布（棉布）55cm×30cm
無	圓繩 粗0.3cm 140cm

4.完成！

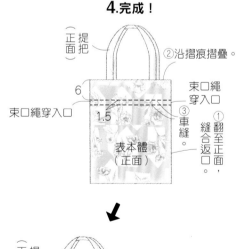

①縫合返口，翻至正面。
②沿摺痕摺疊。
③車縫。
束口繩穿入口

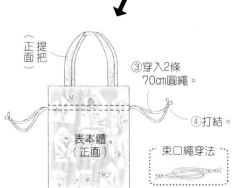

③穿入2條70cm圓繩。
④打結。
束口繩穿法

⑦在距離穿入口邊緣0.2cm處車縫固定。
⑥燙開縫份。
⑤兩脇邊預留穿入口車縫。

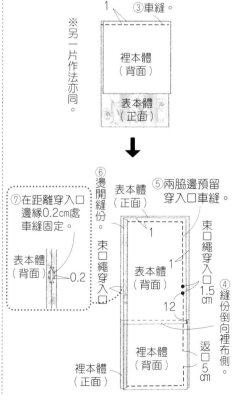

※另一片作法亦同。

1.裁布

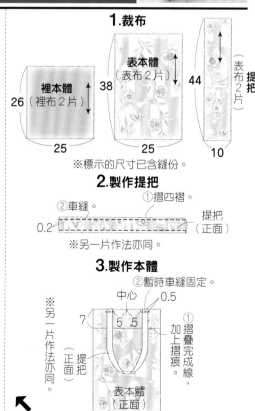

裡本體（裡布2片） 26 / 25
表本體（表布2片） 38 / 25
提把（表布2片） 44 / 10

※標示的尺寸已含縫份。

2.製作提把

①摺四褶。
②車縫。
0.2
提把（正面）
※另一片作法亦同。

3.製作本體

②暫時車縫固定。
中心 0.5
①摺疊完成線，加上摺痕。
7 5 5
提把
表本體（正面）
※另一片作法亦同。

完成尺寸	材料
寬14×高5cm	表布（棉布）70cm×10cm
	自動髮夾 10cm 1個
原寸紙型	小墜飾 1個
無	

P.12_ No.26 蝴蝶結髮夾

1.裁布

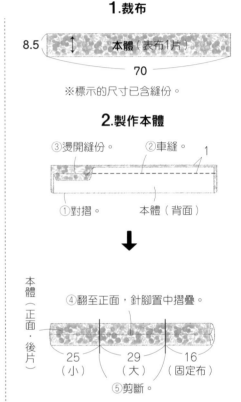

8.5　本體（表布1片）

70

※標示的尺寸已含縫份。

2.製作本體

③燙開縫份。　②車縫。　1

①對摺。　本體（背面）

④翻至正面，針腳置中摺疊。

本體（正面·後片）

25（小）　29（大）　16（固定布）

⑤剪斷。

3.縫製蝴蝶結

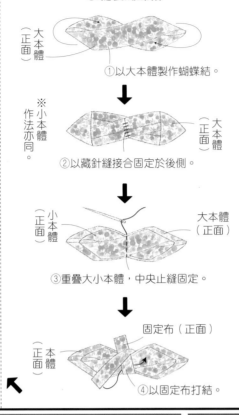

大本體（正面）

①以大本體製作蝴蝶結。

※小本體作法亦同。

大本體（正面）

②以藏針縫接合固定於後側。

小本體（正面）　大本體（正面）

③重疊大小本體，中央止縫固定。

固定布（正面）

正面 本體

④以固定布打結。

---

⑥摺往後側。　固定布（正面）

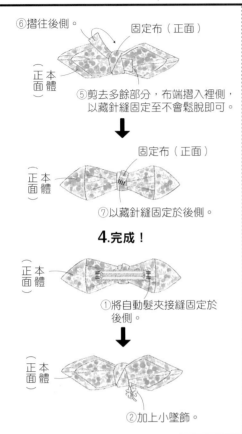

正面 本體

⑤剪去多餘部分，布端摺入裡側，以藏針縫固定至不會鬆脫即可。

固定布（正面）

正面 本體

⑦以藏針縫固定於後側。

4.完成！

正面 本體

①將自動髮夾接縫固定於後側。

正面 本體

②加上小墜飾。

完成尺寸	材料
寬25×高25cm	表布（細棉布）30cm×30cm
	小方巾（25cm×25cm）1片
原寸紙型	奇異襯 10cm×10cm
A面	

P.13_ No.29 小方巾

1.裁布

方巾寬+2（27）

包邊布（表布2片）　6

※標示的尺寸已含縫份。

2.接縫包邊布

包邊布（正面）

1　1

①兩邊摺向中心。　②摺疊。

包邊布（正面）

③對摺。

方巾（正面）

⑤車縫。　0.2　包邊布（正面）

④以包邊布包夾方巾。

※另一側作法亦同。

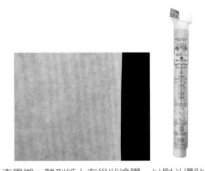

奇異襯：離型紙上有巢狀塗膠，以熨斗燙貼即可與布料貼合。

3.進行貼布縫

④周圍進行Z字形車縫，固定貼布縫的圖案。

方巾（正面）

表布（正面）

③依喜好位置以熨斗燙貼於方巾上。

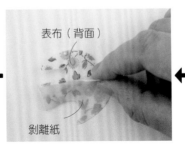

表布（背面）

剝離紙

②剪出喜歡的形狀，撕下離型紙。

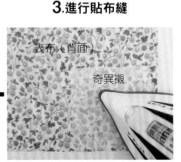

表布（背面）

奇異襯

①離型紙朝上置於布料背面，燙貼上奇異襯。

完成尺寸
寬14.5×高9cm

原寸紙型
無

材料
表布（雙層紗布）45cm×20cm
口罩用鬆緊帶 50cm

P.12_ **No.27**
口罩

1.製作本體

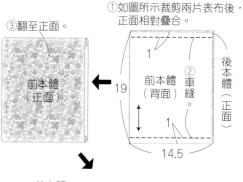

①如圖所示裁剪兩片表布後，正面相對疊合。

③翻至正面。

前本體（正面）

後本體（正面）

前本體（背面）
②車縫。
19
1
1
14.5

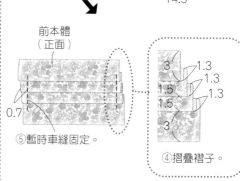

前本體（正面）

⑤暫時車縫固定。
0.7

3　1.3
1.3
1.5　1.3
1.5
3

④摺疊褶子。

2.接縫包邊布

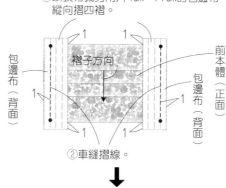

①以表布裁剪兩片4cm×11cm的包邊布，縱向摺四褶。

1　1

褶子方向

包邊布（背面）

前本體（正面）

包邊布（背面）

1　1
1　1

②車縫摺線。

③將本體翻至背面。

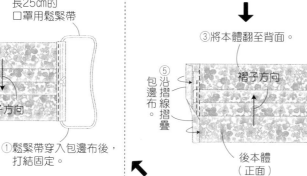

⑤沿摺線摺疊

包邊布。

褶子方向

後本體（正面）

④摺疊上下端。

1

3.穿入鬆緊帶

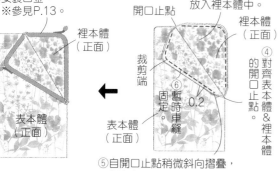

前本體（正面）

長25cm的口罩用鬆緊帶

褶子方向

②將線結藏入包邊布內。

①鬆緊帶穿入包邊布後，打結固定。

前本體（正面）

0.2　　0.2

褶子方向

包邊布（正面）

⑥將本體翻至正面。

⑦車縫。

完成尺寸
寬11.5×高20cm

原寸紙型
A面

材料
表布（11號帆布）30cm×25cm
裡布（細棉布）30cm×25cm
接著襯（厚）30cm×25cm
L型口金（寬8.5cm高14.5cm）1個

P.12_ **No.25**
口罩收納包

1.裁布

表・裡本體
（表布1片）
（裡布1片）

※表本體背面須燙貼接著襯。

2.製作表・裡本體

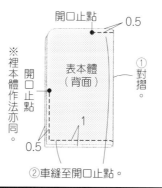

開口止點　0.5

表本體（背面）

※裡本體作法亦同。

開口止點

1

0.5

①對摺。

②車縫至開口止點。

7.安裝口金。
※參見P.13。

③將表本體翻至正面，放入裡本體中。

開口止點

裡本體（正面）

裁剪端

表本體（正面）

⑥暫時車縫固定。

裡本體（正面）

表本體（正面）

0.2

④對齊表本體＆裡本體的開口止點。

⑤自開口止點稍微斜向摺疊，對齊表本體＆裡本體的布端。

完成尺寸
長7cm

原寸紙型
無

材料
表布（零碎棉布）適量

P.07_ **No.05**
手袋吊飾

1.裁布

①將零碎布裁成寬0.5cm的碎布條，共準備30條長35cm的布條。

2.製作流蘇

※流蘇作法參見P.57。

①將流蘇製作器設定成7cm，捲繞碎布條25圈。

②將長10cm的碎布條綁成環狀後對摺。

③以粗線繫緊固定，再取一碎布條打上蝴蝶結遮住粗線。

完成尺寸	材料
寬15cm×高15cm	表布（棉麻布）55cm×20cm
	裡布（棉麻布）20cm×20cm
原寸紙型	單膠鋪棉 55cm×20cm
A面	

方形鍋具隔熱套

1.裁布

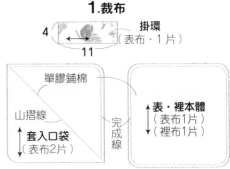

4
11
掛環
（表布・1片）

單膠鋪棉
山摺線
套入口袋
（表布2片）

完成線

表・裡本體
（表布1片）
（裡布1片）

※掛環無原寸紙型，請依標示的尺寸
（已含縫份）直接裁剪。
※布料背面須燙貼單膠鋪棉。

2.製作掛環

②車縫。
①摺四褶。
正面 掛環
正面 掛環
0.2

3.製作本體

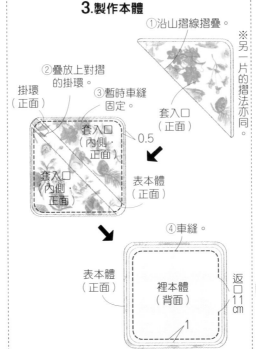

①沿山摺線摺疊。
②疊放上對摺的掛環。
③暫時車縫固定。
掛環（正面）
套入口（正面）
套入口（內側・正面）
套入口（內側・正面）
0.5
表本體（正面）

※另一片的摺法亦同。

④車縫。
表本體（正面）
裡本體（背面）
返口11cm
1

4.完成！

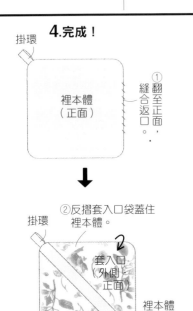

掛環
①縫合返口，翻至正面。
裡本體（正面）

②反摺套入口袋蓋住裡本體。
掛環
套入口（外側・正面）
套入口（內側・正面）
裡本體（正面）

完成尺寸	材料
寬11×高11cm	表布（平織布）15cm×30cm
	裡布（平織布）35cm×30cm
原寸紙型	接著襯（薄）25cm×25cm
B面	接著襯（厚）15cm×30cm／金屬拉鍊 20cm 1條

拉鍊錢包

1.裁布

零錢口袋（裡布1片）
20
20

表・裡本體
表布1片
裡布1片

※零錢口袋無原寸紙型，請依標示的尺寸
（已含縫份）直接裁剪。
※表本體背面燙貼厚接著襯，
　零錢口袋背面燙貼薄接著襯。

2.接縫拉鍊

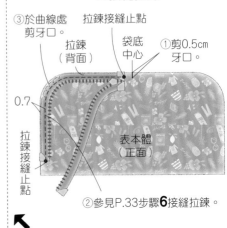

③於曲線處剪牙口
拉鍊接縫止點
拉鍊（背面）
袋底中心
①剪0.5cm牙口。
0.7
拉鍊接縫止點
表本體（正面）
②參見P.33步驟**6**接縫拉鍊。

3.製作零錢口袋

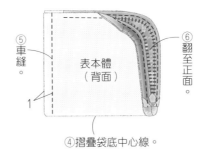

②車縫。
1
③翻至正面。
零錢口袋（背面）
①對摺。

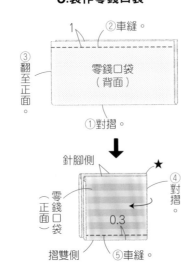

針腳側
③翻至正面。
零錢口袋（正面）
④對摺。
★
④對摺。
0.3
摺雙側
⑤車縫。

4.製作裡本體並與表本體縫合

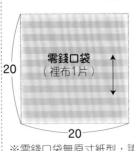

⑤車縫。
表本體（背面）
⑥翻至正面。
1
④摺疊袋底中心線。

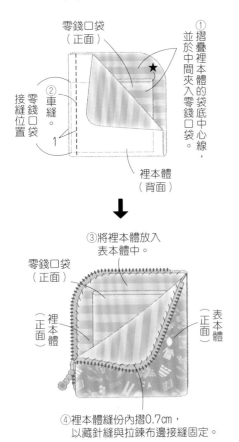

零錢口袋（正面）
①摺疊裡本體的袋底中心線，並於中間夾入零錢口袋。
★
②車縫。
接縫零錢口袋位置
1
裡本體（背面）

③將裡本體放入表本體中。
零錢口袋（正面）
裡本體（正面）
表本體（正面）
④裡本體縫份內摺0.7cm，以藏針縫與拉鍊布邊接縫固定。

材料（ ■…No.34・No.69・ ■…No.72・ ■…共用 ）

表布（棉麻帆布・8號帆布）45㎝×45㎝ 2片
（高布林織布）140㎝×50㎝
包繩 寬1.3㎝ 180㎝・210㎝
FLAT KNIT拉鍊 50㎝・40㎝ 1條
抱枕芯 1個

P.14_ No.**34**
P.44_ NO.**69**
P.47_ NO.**72**
滾邊抱枕

包繩接縫方式

①本體縫份是包繩的針腳到布邊的長度（在此為0.9㎝）＋0.1㎝，所以本作品的本體縫份是1㎝。

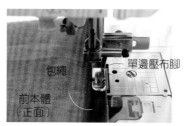

②換上單邊壓布腳，對齊前本體＆包繩的布邊。

③約預留3㎝包繩再開始接縫。

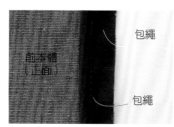

④在包繩的針腳上車縫。

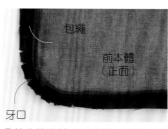

⑤於曲線處剪牙口車縫。因為內有圓繩，為避免拉扯圓繩，包繩不要拉得太緊繃，可縫得略鬆一點。

⑥將始縫端包繩摺直角。

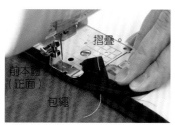

⑦與尾端包繩重疊。尾端包繩也摺成直角，對齊另一端包繩的針腳接連車縫。

⑧車縫包繩一圈，剪去多餘包繩。

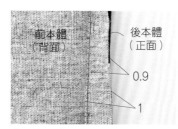

⑨與後本體正面相對疊合，看著前本體側，在④針腳（紅色）內側0.1㎝處車縫（白色針腳）。

⑩翻至正面。因為車縫於內側0.1㎝處，所以不會露出包繩的針腳，可完成漂亮工整的成品。

1.裁布

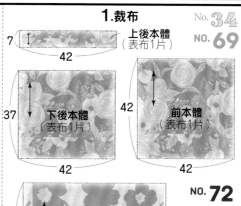

No.**34** NO.**69**

上後本體（表布1片）

下後本體（表布1片）

前本體（表布1片）

NO.**72**

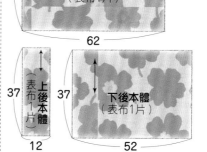

前本體（表布1片）

上後本體（表布1片）

下後本體（表布1片）

※標示的尺寸已含縫份。

2.製作本體

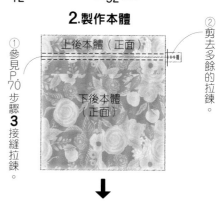

①參見P.70步驟3接縫拉鍊。

上後本體（正面）
下後本體（正面）

②剪去多餘的拉鍊。

③放上圓角紙型，修圓表本體的四個邊角。

圓角紙型
前本體（正面）

※後本體也剪成圓角。

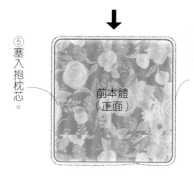

⑤塞入抱枕芯。

④以前本體＆後本體包夾包繩進行滾邊。

前本體（正面）

No.21

完成尺寸	材料	P.11_ No. **21**
寬43×高24cm	**表布**（平紋精梳棉布）70cm×30cm	**整髮器收納袋**

原寸紙型
無

材料（續）
裡布（平紋精梳棉布）70cm×30cm
配布（平紋精梳棉布）40cm×40cm
單膠鋪棉 70cm×30cm／**皮繩** 寬0.3cm 50cm

1.裁布

※標示的尺寸已含縫份。

表・裡本體
（表布1片）
（裡布1片）
24
43

表・裡口袋
（表布1片）
（裡布1片）
24
25

① 裁剪。
② 於表本體、表口袋的背面燙貼單膠鋪棉。

③ 參見P.19，以配布製作寬1cm長170cm的滾邊用斜布條。

2.製作本體

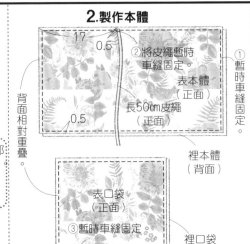

17
0.5
① 暫時車縫固定。
② 將皮繩暫時車縫固定。
表本體（正面）
長50cm皮繩（正面）
0.5

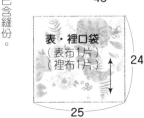

摺疊端部（4處）
1

背面相對重疊

裡本體（背面）

表口袋（正面）
③ 暫時車縫固定。
0.5

裡本體（正面）
裡口袋（背面）

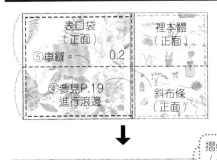

表口袋（正面）
⑤ 車縫。 0.2
裡本體（正面）
斜布條（正面）
④ 參見P.19進行滾邊。

⑥ 進行滾邊。 0.2
表口袋（正面）
裡本體（正面）0.2
斜布條（正面）
⑥ 進行滾邊。
⑦ 進行滾邊。

No.32

完成尺寸	材料	P.14_ No. **32**
寬27×高27cm	**表布**（平織布）35cm×35cm 2片	**雨衣收納袋**

原寸紙型
B面

材料（續）
裡布（纖維布）35cm×35cm 2片
尼龍拉鍊 50cm 1條

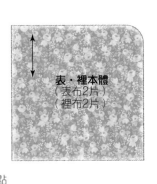

1.裁布

表・裡本體
（表布2片）
（裡布2片）

① 於曲線處剪牙口。

2.製作本體

※參見P.33步驟**6**接縫拉鍊。

② 車縫。
拉鍊（背面）
拉鍊接縫止點
表本體（正面）
0.7
拉鍊接縫止點
※另一側縫法亦同。

表本體（正面）
表本體（背面）
1
③ 車縫。
※裡本體作法亦同。

⑤ 裡本體縫份內摺0.7cm，進行藏針縫。

拉鍊（背面）
裡本體（正面）
表本體（正面）
④ 將表本體翻至正面，放入裡本體中。

No.33

完成尺寸	材料	No. **33**
寬11.5×高29.5cm	**表布**（平織布）30cm×35cm	P.14_

原寸紙型
B面

材料（續）
配布（棉布）40cm×40cm
裡布（纖維布）30cm×35cm
尼龍拉鍊 50cm 1條

摺傘套

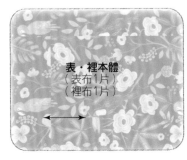

1.裁布

表・裡本體
（表布1片）
（裡布1片）

※參見P.19，以配布製作寬0.7cm長110cm的滾邊用斜布條。

2.製作本體

裡本體（背面）
表本體（正面）
① 暫時車縫固定。
0.5

③ 參見P.69步驟**1**接縫拉鍊&斜布條。

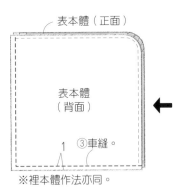

拉鍊（正面）
裡本體（正面）
斜布條（正面）

② 在距離上止46cm處作記號。

1.裁布

表・裡側身
（表布2片）
（裡布2片）

裡本體（裡布1片）
36
14

表本體（表布1片）
40
14

※表・裡本體無原寸紙型，請依標示的尺寸（已含縫份）直接裁剪。

2.縫合表・裡本體

對齊單側布邊。

裡側身（背面）
0.5
表側身（正面）
②暫時車縫固定。
※另一片側身作法亦同。

表本體（正面）
裡本體（背面）
①暫時車縫固定。
0.5
★

3.縫上魔鬼氈

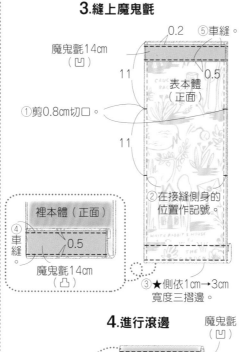

魔鬼氈14cm（凹）
0.2
⑤車縫
0.5
11
表本體（正面）
11
①剪0.8cm切口。

②在接縫側身的位置作記號。

裡本體（正面）
④車縫
0.5
魔鬼氈14cm（凸）

③★側依1cm→3cm寬度三摺邊。

4.進行滾邊

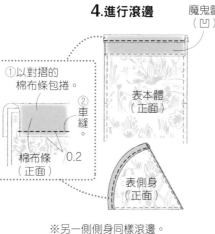

魔鬼氈（凹）

①以對摺的棉布條包捲。
②車縫。
棉布條（正面）
0.2

表本體（正面）
表側身（正面）

※另一側側身同樣滾邊。

5.接縫側身

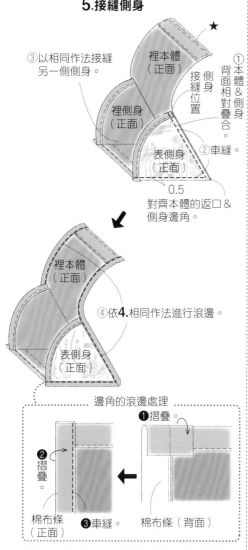

③以相同作法接縫另一側側身。

裡本體（正面）
裡側身（正面）
表側身（正面）
0.5

①本體&側身背面相對疊合。
側身接縫位置
②車縫。

對齊本體的返口&側身邊角。

裡本體（正面）
表側身（正面）

④依4.相同作法進行滾邊。

邊角的滾邊處理

❶摺疊。
❷摺疊。
棉布條（正面）
❸車縫。
棉布條（背面）

1.裁布

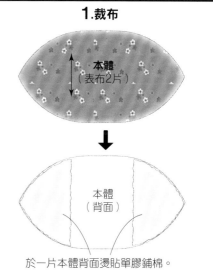

本體（表布2片）

本體（背面）

於一片本體背面燙貼單膠鋪棉。

2.製作本體

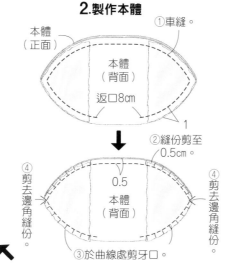

①車縫。
本體（正面）
本體（背面）
返口8cm
1

②縫份剪至0.5cm。

0.5
本體（背面）

④剪去邊角縫份。
④剪去邊角縫份。
③於曲線處剪牙口。

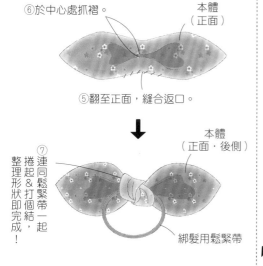

⑥於中心處抓褶。
本體（正面）

⑤翻至正面，縫合返口。

⑦連同鬆緊帶一起捲起打個結，整理形狀即個完成！

本體（正面・後側）

綁髮用鬆緊帶

完成尺寸	材料
寬12.5×高18cm	表布（平織布）20cm×15cm
	裡布（棉布）20cm×15cm
原寸紙型	配布（棉布）20cm×20cm
B面	單膠鋪棉 40cm×15cm

P.16_ No. 39
鍋具隔熱套

1.裁布

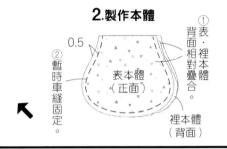

裡本體（裡布1片）　表本體（表布1片）

※於背面燙貼單膠鋪棉。

背面　0.7　單膠鋪棉

※參見P.19，以配布製作寬1cm長55cm的滾邊用斜布條。

2.製作本體

① 表·裡本體背面相對疊合。
② 暫時車縫固定。
0.5　表本體（正面）　裡本體（背面）

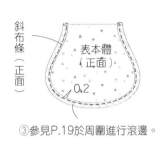

斜布條（正面）　表本體（正面）　0.2
③參見P.19於周圍進行滾邊。

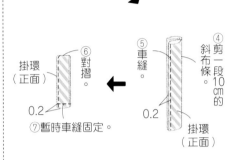

掛環（正面）　⑥對摺　0.2　⑦暫時車縫固定。　⑤車縫。　0.2　④剪一段10cm的斜布條　斜布條（正面）　掛環（正面）

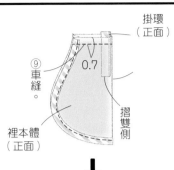

掛環（正面）　0.7　⑨車縫。　裡本體（正面）　摺雙側

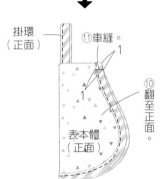

掛環（正面）　⑪車縫。　1　1　⑩翻至正面。　表本體（正面）

完成尺寸	材料
寬10×高17×側身1cm	表布（麻布）30cm×25cm／裡布（棉布）40cm×25cm
	配布（棉帆布）15cm×15cm
原寸紙型	接著襯（薄）40cm×25cm
無	圓鬆緊帶 粗0.1cm 10cm／鈕釦 2.2cm 1個
	附D型環迷你提把（寬0.7cm 長23.5cm）1組

P.18_ No. 47
手機袋

1.裁布
※標示的尺寸已含縫份。

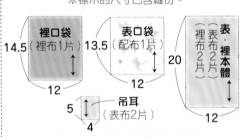

14.5 裡口袋（裡布1片）12　13.5 表口袋（配布1片）12　20 表·裡本體（表布、裡布2片）12　5 吊耳（表布2片）4

※表本體＆表口袋背面須燙貼接著襯。

2.製作吊耳

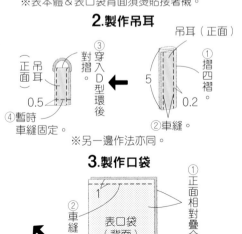

吊耳（正面）　正面 吊耳　0.5　0.7　③穿入D型環後　④暫時車縫固定。　吊耳（正面）　①摺四摺　②車縫。　0.2　5
※另一邊作法亦同。

3.製作口袋

② 車縫。　表口袋（背面）　1　① 正面相對疊合。　裡口袋（正面）

3.製作本體

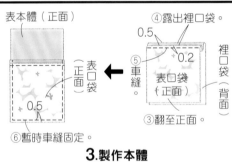

表本體（正面）　0.5　④露出裡口袋。　0.2　⑤車縫。　表口袋（正面）　裡口袋（背面）　③翻至正面。

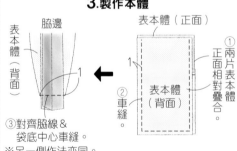

表本體（正面）　⑥暫時車縫固定。　0.5　表口袋（正面）　① 翻至正面。

脇邊　表本體（背面）　1　① 兩片表本體正面相對疊合。　② 車縫。　表本體（背面）
③對齊脇線＆袋底中心車縫。
※另一側作法亦同。

返口8cm　裡本體（背面）
④依①～③作法縫製。裡本體於脇邊預留返口後，其餘與③相同。

4.疊合表本體＆裡本體

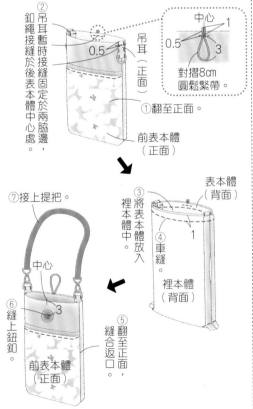

② 釦繩吊耳暫時接縫固定於後表本體中心處，釦耳接縫於兩脇邊。
中心　1　0.5　3　對摺8cm圓鬆緊帶。
吊耳（正面）　① 翻至正面。　前表本體（正面）

③ 將表本體放入裡本體中。　表本體（背面）　④ 車縫。　1　裡本體（背面）　⑤縫合返口　翻至正面，縫合返口。

⑦接上提把。　中心　3　⑥縫上鈕釦　前表本體（正面）

1.裁布

裡本體（裡布2片）　23　13
表本體（表布1片）
袋蓋（表布1片）

※表本體＆袋蓋背面須燙貼接著襯。

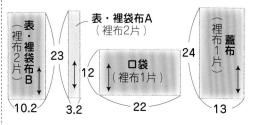

表・裡袋布B（裡布2片）　23　10.2
表・裡袋布A（裡布2片）　3.2
口袋（裡布1片）　12　22
蓋布（裡布1片）　24　13

※除了表本體＆袋蓋之外，其餘無原寸紙型，請依標示的尺寸（已含縫份）直接裁剪。

2.製作袋布

①參見P.33步驟5-④至⑧接縫拉鍊。
②車縫。

表袋布B（正面）　表袋布A（正面）
裡袋布B（背面）　裡袋布A（背面）
0.2　1　0.7　0.7
拉鍊（正面）

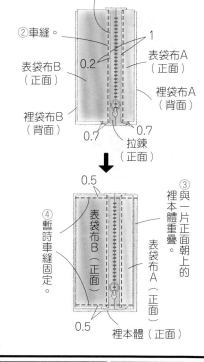

0.5
③與一片正面朝上的裡本體重疊。
④暫時車縫固定。
表袋布B（正面）　表袋布A（正面）
裡本體（正面）
0.5

3.裡本體接縫上口袋

①依1cm→1cm寬度三摺邊車縫。
②車縫
4　3　3　3.5　3.5　5
0.8
③作記號。
口袋（正面）
4　3　3　3.5　3.5　5
1　1

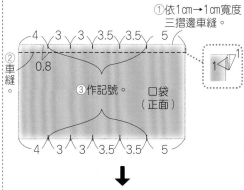

④依圖示尺寸在裡本體上作記號（下側亦同）。

裡本體（正面）
2.5　1.5　1.5　2　2　3.5
⑤兩脇邊暫時車縫固定。
口袋（正面）
10
0.5　0.5
⑥對齊口袋＆裡本體的記號，車縫分隔線。
⑦摺疊口袋下方尖褶，暫時車縫固定。

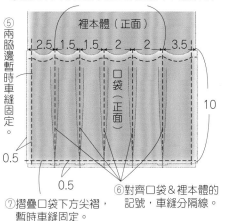

4.裡製作本體

附口袋裡本體（正面）　附袋布裡本體（正面）
袋蓋（正面）
①正面相對疊合＆在距邊1cm處車縫後，燙開縫份。

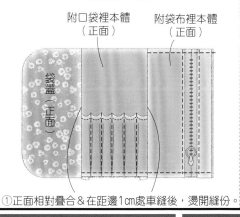

5.接縫蓋布

①對摺，車縫兩脇邊。
蓋布（背面）
1　1
②翻至正面。
摺雙

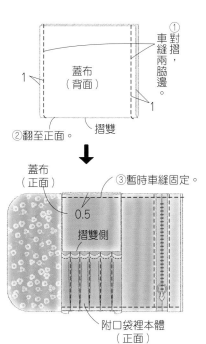

蓋布（正面）
0.5
摺雙側
③暫時車縫固定。
附口袋裡本體（正面）

6.疊合裡本體＆表本體

①裡本體＆表本體正面相對疊合。
裡本體（正面）
表本體（背面）
返口10cm
1
②車縫。

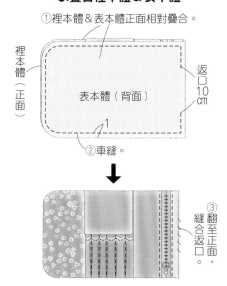

③翻至正面，縫合返口。

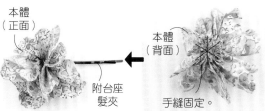

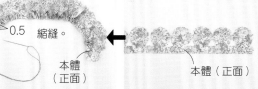
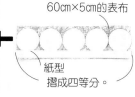

本體（正面）
附台座髮夾
⑤整理形狀，以接著劑黏至髮夾台座上。

本體（背面）
手縫固定。
④拉緊縫線，整理到從背後看不到布的正面，手縫固定。

0.5　縮縫
本體（正面）
③縮縫下側邊。

本體（正面）
②依紙型裁剪再展開。

60cm×5cm的表布
紙型摺成四等分。
①表布裁成60cm×5cm，摺四等分＆放上紙型。

彈片口金波奇包

完成尺寸	材料
寬9cm×高10.5cm	表布（平織布）25cm×35cm
	裡布（棉布）15cm×35cm
原寸紙型	接著襯（中厚）15cm×35cm
無	彈片口金 10cm 1組

1.裁布

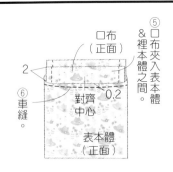（口布位置）

口布
（表布2片）
6
11

33
（表・裡本體）
表布1片
裡布1片
11

※標示的尺寸已含縫份。
※表本體背面須燙貼接著襯。

2.製作本體

表本體
（背面）
裡本體
（正面）
① 背面相對疊合。

表本體
（正面）
裡本體
（正面）
3.5
② 對摺。
③ 摺疊。

3.接縫口布

① 摺疊
② 車縫。
0.2
1 口布（背面） 1
③ 摺疊。

③ 對摺。
口布（正面）
0.8
④ 暫時車縫固定。

※另一片作法亦同。

裡本體（正面）
表本體（正面）
⑨ 翻至正面。
⑩ 縫份內摺1cm。

⑥ 剪切口
5 1
⑤ 車縫。

裡本體（背面）
表本體（正面）
表本體（背面）
1

表本體（正面）
裡本體（正面）
④ 將一片裡本體翻回前側

⑦ 車縫表本體。
切口
⑧ 車縫裡本體。
※各自車縫切口以上的表・裡本體並燙開縫份。

4.安裝彈片口金

口布（正面）
2
⑤ 口布夾入表本體＆裡本體之間。
對齊中心
0.2
⑥ 車縫。
表本體（正面）

露出螺栓頭的一方朝上
彈片口金
① 拆下螺栓。

② 將口金穿入口布中。
口布（正面）
表本體（正面）

③ 栓上螺栓。
❶ 將彈片的凹凸兩端重疊接合。
❷ 插入螺栓，以木槌敲入。

口布（正面）
表本體（正面）

牙刷袋

完成尺寸	材料
寬6cm×高19cm	表布（平織布）45cm×10cm
	裡布（棉布）45cm×10cm
原寸紙型	接著襯（薄）45cm×10cm
無	塑膠押釦 14mm 1組

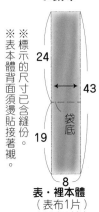

1.裁布

24
43
袋底
19
8
表・裡本體
（表布1片）
（裡布1片）

※標示的尺寸已含縫份。
※表本體背面須燙貼接著襯。

2.車縫表本體＆裡本體

裡本體（正面）
表本體（正面）
裡本體（背面）
表本體（背面）
① 車縫
② 翻至正面。
③ 車縫
0.2
1
表本體＆裡本體正面相對疊合。

3.車縫兩脇邊

返口
裡本體（正面）
表本體（背面）
② 內摺1cm 返口縫份。
② 車縫
1 1
① 於袋底位置正面相對摺疊。

4.完成！

中心
④ 裝上塑膠押釦。
1
1.5
0.2
③ 車縫
② 返口內摺1cm縫份。
① 翻至正面。
裡本體（正面）
表本體（正面）

完成尺寸		材料
寬10×高18×側身11cm		表布（平織布）45cm×40cm
		裡布（棉布）35cm×40cm／單膠鋪棉 35cm×40cm
原寸紙型		接著襯（厚）25cm×15cm
B面		角型口金（寬15cm高7.5cm）1個

1.裁布

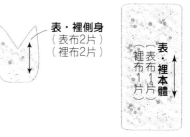

表・裡側身
（表布2片）
（裡布2片）

表・裡本體（表布1片 裡布1片）

※表本體&表側身背面
須燙貼單膠鋪棉。

蝴蝶結本體（表布1片） 12 12

中心繫帶（表布1片） 8 7

※蝴蝶結本體&中心繫帶
背面須燙貼接著襯。

※蝴蝶結本體&中心繫帶無原寸紙型，
請依標示的尺寸（已含縫份）直接裁剪。

2.製作表本體&裡本體並縫合

① 表本體&裡本體正面相對疊合。
② 車縫。
側身接縫止點
表本體（背面）
表側身（背面）
③ 燙開兩脇邊的縫份。
※裡本體作法亦同。

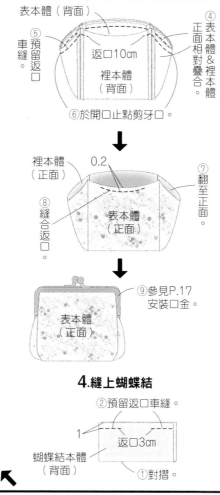

表本體（背面）
返口10cm
車縫。 預留返口
④ 表本體&裡本體正面相對疊合
裡本體（背面）
⑥於開口止點剪牙口。

⑤翻至正面。
裡本體（正面）
0.2
⑧ 縫合返口
表本體（正面）
⑦翻至正面。

⑨參見P.17
安裝口金。
表本體（正面）

4.縫上蝴蝶結

②預留返口車縫。
返口3cm
蝴蝶結本體（背面）
①對摺。

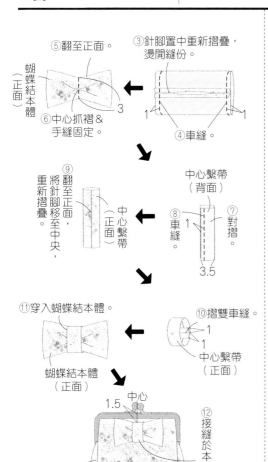

⑤翻至正面。
③針腳置中重新摺疊，燙開縫份。
④車縫。 1 1

⑥中心抓褶&手縫固定。 3
蝴蝶結本體（正面）

⑨翻至正面，將針腳移至中央，重新摺疊。
中心繫帶（背面）
中心繫帶（正面）
⑧車縫 1 ⑦對摺
3.5

⑪穿入蝴蝶結本體。
蝴蝶結本體（正面）

⑩摺雙車縫
中心繫帶（正面）
1 1
中心繫帶（正面）

1.5 中心
⑫接縫於本體上。
表本體（正面）

完成尺寸		材料
寬11×高34cm		表布A（棉麻帆布）30cm×35cm
		表布B（亞麻布）30cm×35cm
原寸紙型		配布（亞麻布）15cm×10cm
無		

1.裁布

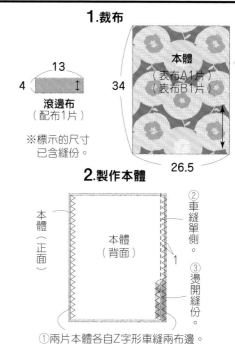

13 4
滾邊布（配布1片）

本體（表布A1片）（表布B1片）
34 26.5

※標示的尺寸已含縫份。

2.製作本體

本體（正面）
本體（背面）
② 車縫單側。
③ 燙開縫份。 1
①兩片本體各自Z字形車縫兩布邊

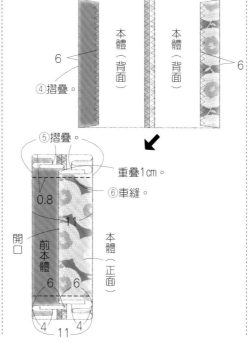

本體（背面） 6 6
④摺疊。
⑤摺疊。 重疊1cm。
⑥車縫。
0.8 11
開口 前本體（正面）
本體（正面）
4 11 6 6 4

3.完成！

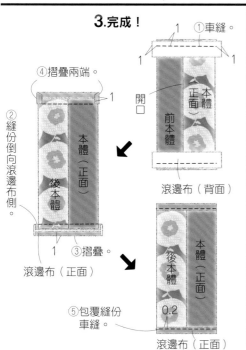

①車縫。 1 1 1
④摺疊兩端。
正面 本體 前本體
開口
②縫份倒向滾邊布側。
本體（正面）
後本體
滾邊布（背面）
1 ③摺疊。
滾邊布（正面）
後本體 本體（正面）
0.2
⑤包覆縫份車縫。
滾邊布（正面）

完成尺寸	材料		P.18_ No. 46
寬15×高34×側身12cm	表布（棉麻帆布）55cm×30cm 2片		P.48_ NO. 73
原寸紙型	裡布（棉布）55cm×30cm 2片		吾妻袋
B面			

1.裁布

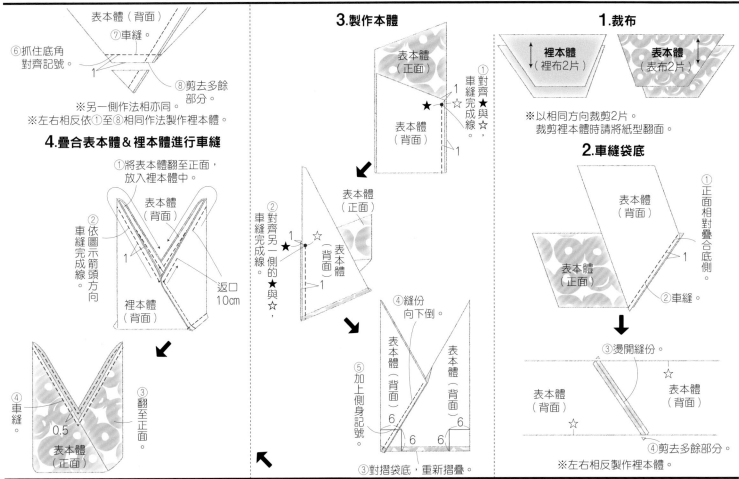

裡本體（裡布2片）

表本體（表布2片）

※以相同方向裁剪2片。
裁剪裡本體時請將紙型翻面。

2.車縫袋底

①正面相對疊合底側。

表本體（背面）

表本體（正面）

②車縫。

③燙開縫份。

☆

表本體（背面）

表本體（背面）

☆

④剪去多餘部分。

※左右相反製作裡本體。

3.製作本體

表本體（正面）

表本體（背面）

①對齊★與☆，車縫完成線。

1

1

②對齊另一側的★與☆，車縫完成線。

表本體（背面）

表本體（正面）

1

④縫份向下倒。

⑤加上側身記號。

表本體（背面）

表本體（背面）

6 6
6 6

③對摺袋底，重新摺疊。

表本體（背面）

⑦車縫。

⑥抓住底角對齊記號。

1

⑧剪去多餘部分。

※另一側作法相亦同。
※左右相反依①至⑧相同作法製作裡本體。

4.疊合表本體＆裡本體進行車縫

①將表本體翻至正面，放入裡本體中。

表本體（背面）

②依圖示箭頭方向車縫完成線。

裡本體（背面）

返口10cm

④車縫。

③翻至正面。

0.5

表本體（正面）

完成尺寸	材料	P.18_ No. 45
寬30×高30cm	表布（棉麻帆布）40cm×35cm 2片（本體）	餐盤食物提袋
原寸紙型	25cm×50cm 1片（提把）	
無		

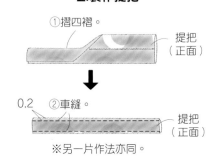

1.裁布

提把（表布2片）

46

10

後本體（表布1片）

32

32

前本體（表布2片）

32

19

※標示的尺寸已含縫份。

2.製作提把

①摺四褶。

提把（正面）

②車縫。

0.2

提把（正面）

※另一片作法亦同。

3.前製作本體

①依1cm→2cm寬度三摺邊，加上摺線。

5.5
中心
5.5

0.5

前本體（正面）

提把（正面）

②暫時車縫固定。

③依步驟①的摺線摺疊車縫。

提把（正面）

0.2

前本體（背面）

前本體（背面）

提把（正面）

0.2

④豎起提把車縫。

4.疊合前本體＆裡本體

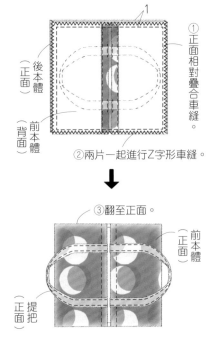

①正面相對疊合車縫。

後本體（正面）

前本體（背面）

1

②兩片一起進行Z字形車縫。

③翻至正面。

前本體（正面）

正面 提把

正面 提把

面紙套

完成尺寸	材料
寬13×高11cm	表布A（棉麻帆布）35cm×30cm
原寸紙型	表布B（棉布）35cm×30cm
無	皮繩 寬0.5cm 20cm／鈕釦 2cm 1個

1.裁布

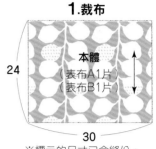

24
30

本體
（表布A1片）
（表布B1片）

※標示的尺寸已含縫份。

2.製作本體

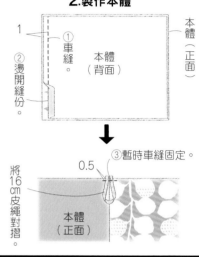

1
①車縫。
②燙開縫份
本體（背面）
本體（正面）

③暫時車縫固定。
0.5
本體（正面）
將16cm皮繩對摺。

3.完成！

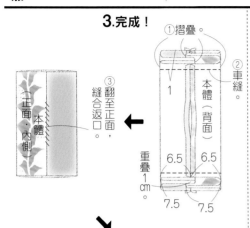

①摺疊。
②車縫。
1
本體（背面）
6.5　6.5
重疊1cm
7.5　7.5

③翻至正面，縫合返口。
本體（正面·內側）

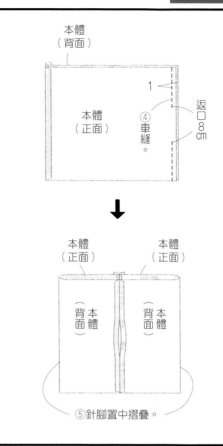

本體（背面）
本體（正面）
返口8cm
④車縫。

本體（正面）
本體（正面）
背面 本體
背面 本體

⑤針腳置中摺疊。

④將兩邊的開口反摺至正面。
本體（正面·外側）
本體（正面·內側）

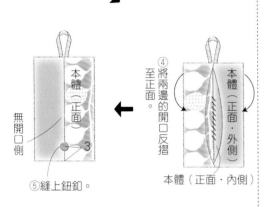

本體（正面·內側）
無開口側
⑤縫上鈕釦。
3

洗衣夾收納袋

完成尺寸	材料
寬41×高30.5×側身10cm	表布（棉麻帆布）45cm×40cm 2片
原寸紙型	配布（亞麻布）40cm×40cm
B面	鐵絲衣架 1個

1.裁布

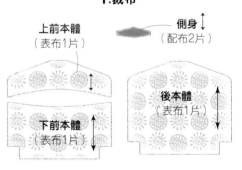

上前本體（表布1片）
側身（配布2片）
下前本體（表布1片）
後本體（表布1片）

※參見P.19，以配布製作寬1cm長100cm的滾邊用斜布條。

2.製作前本體

①參見P.19進行滾邊。

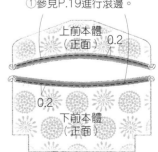

上前本體（正面）0.2
下前本體（正面）0.2

3.接縫側身

①對摺。
側身（正面）
②Z字形車縫。
※另一邊側身作法亦同。

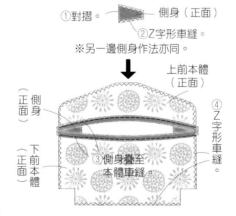

上前本體（正面）
正面 側身
正面 側身
下前本體（正面）
④Z字形車縫。
③側身疊至本體車縫。

4.疊合前本體&後本體

①Z字形車縫。
開口止點
表本體（正面）
②車縫
④燙開縫份
後本體（背面）
③車縫。
1
1

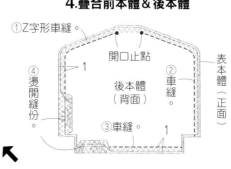

5.車縫側身

①摺疊&車縫側身。
本體（背面）
②兩片一起進行Z字形車縫。
1
※另一側縫法亦同。

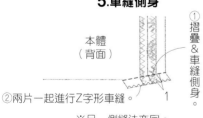

（上方）

⑤縫份內摺1cm
後本體（正面）
⑥車縫。0.2
前本體（正面）
開口止點

完成

④套入鐵絲衣架
③翻至正面。
前本體（正面）

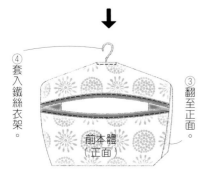

6.製作鞋子

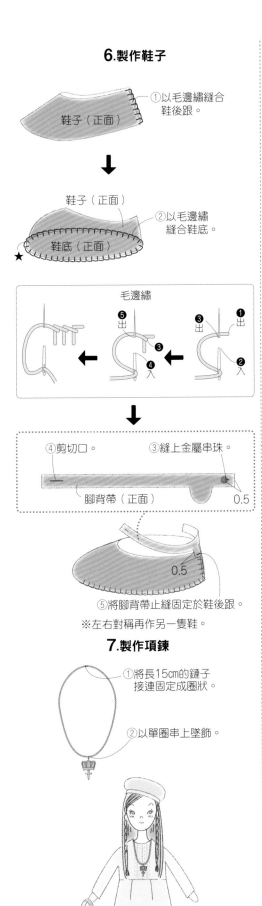

①以毛邊繡縫合鞋後跟。

鞋子（正面）

鞋子（正面）
②以毛邊繡縫合鞋底。
鞋底（正面）
★

毛邊繡

④剪切口。
③縫上金屬串珠。
腳背帶（正面）
0.5

⑤將腳背帶止縫固定於鞋後跟。

※左右對稱再作另一隻鞋。

7.製作項鍊

①將長15cm的鏈子接連固定成圈狀。

②以單圈串上墜飾。

3.製作貝雷帽

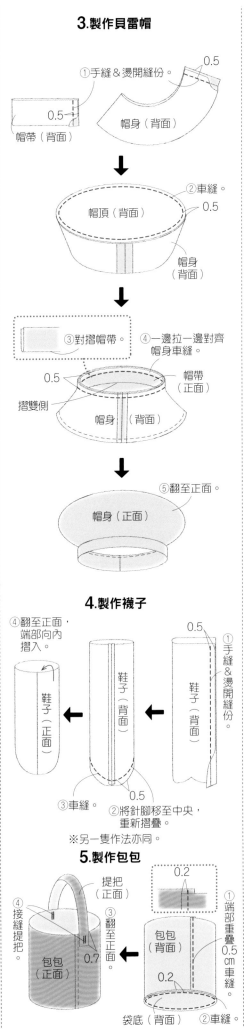

①手縫＆燙開縫份。
0.5
帽帶（背面）
0.5
帽身（背面）

②車縫。
帽頂（背面）
0.5
帽身（背面）

③對摺帽帶。
④一邊拉一邊對齊帽身車縫。
0.5
帽帶（正面）
摺雙側
帽身（背面）

⑤翻至正面。
帽身（正面）

4.製作襪子

④翻至正面，端部向內摺入。
0.5
鞋子（背面）
鞋子（正面）
鞋子（背面）
①手縫＆燙開縫份。

③車縫。
0.5
②將針腳移至中央，重新摺疊。
※另一隻作法亦同。

5.製作包包

④接縫提把
提把（正面）
0.2

③翻至正面。
0.7
包包（背面）
包包（正面）

①端部重疊0.5cm車縫
0.2
袋底（背面）
②車縫。

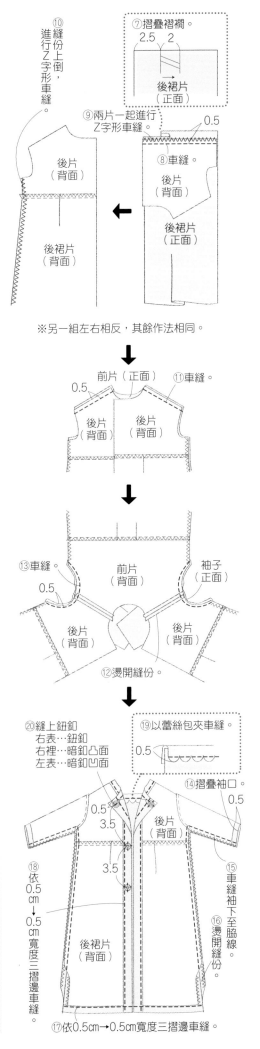

⑩縫份上到，進行Z字形車縫
⑦摺疊褶襇。
2.5　2
後裙片（正面）

⑨兩片一起進行Z字形車縫。
0.5
⑧車縫
後片（背面）
後片（背面）
後裙片（正面）

後片（背面）
後裙片（背面）

※另一組左右相反，其餘作法相同。

前片（正面）
0.5
⑪車縫。
後片（背面）
後片（背面）

⑬車縫
0.5
前片（背面）
袖子（正面）
後片（背面）
後片（背面）

⑫燙開縫份。

⑳縫上鈕釦
右表…鈕釦
右裡…暗釦凸面
左表…暗釦凹面

⑲以蕾絲包夾車縫。
0.5

⑭摺疊袖口
0.5

0.5
3.5
後片（背面）
3.5

⑱依0.5cm→0.5cm寬度三摺邊車縫
後裙片（背面）

⑮車縫袖下至脇線
⑯燙開縫份

⑰依0.5cm→0.5cm寬度三摺邊車縫。

完成尺寸	材料
寬41×高21.5×側身8cm	表布（棉麻帆布・高布林織布）110cm×40cm
原寸紙型	裡布（棉布）110cm×40cm
B面	接著襯（厚）75cm×60cm（僅No.53）
	雙開拉鍊 40cm 1條／日型環 30mm1個
	口型環 30mm 1個／壓克力棉織帶 寬3cm 140cm

P.24 NO.53
P.46 NO.70
月牙肩背包

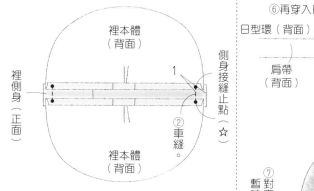

裡本體（背面）
裡本體（背面）
裡側身（正面）
側身接縫止點（☆）
②車縫。
1

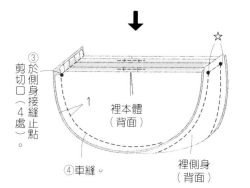

③於側身接縫止點剪切口（4處）。
裡本體（背面）
④車縫。
裡側身（背面）
☆
1

6.疊合表本體＆裡本體

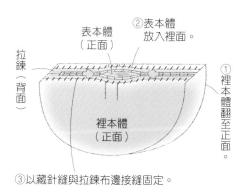

②表本體放入裡面。
表本體（正面）
拉鍊（背面）
①裡本體翻至正面。
裡本體（正面）

③以藏針縫與拉鍊布邊接縫固定。

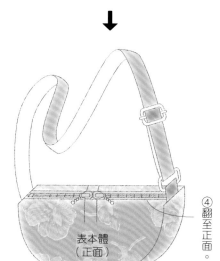

④翻至正面。
表本體（正面）

---

⑥再穿入日型環。
日型環（背面）
吊耳（正面）
肩帶（背面）

⑤將已穿入日型環的肩帶穿進口型環。

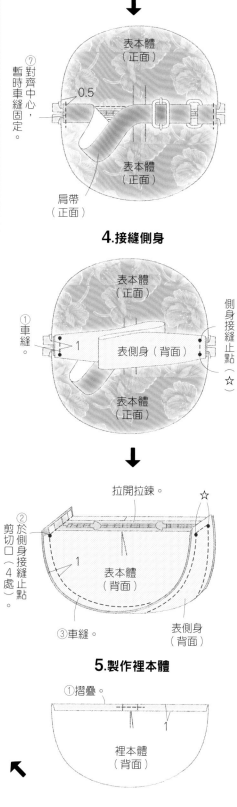

⑦對齊中心，暫時車縫固定。
表本體（正面）
0.5
肩帶（正面）
表本體（正面）

4.接縫側身

表本體（正面）
①車縫。
表側身（背面）
側身接縫止點（☆）
1
表本體（正面）

拉開拉鍊。
☆
②於側身接縫止點剪切口（4處）。
③車縫。
表本體（背面）
表側身（背面）

5.製作裡本體

①摺疊。
1
裡本體（背面）

裁布圖

※ ▢ 處需於表布的背面燙貼接著襯（僅No.53）。
裡布的裁法亦同。

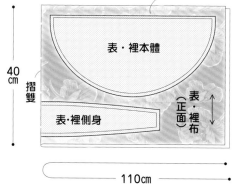

40cm
摺雙
表・裡本體
表・裡側身
表・裡布（正面）

110cm

1.車縫褶襉

※另一側＆裡本體縫法亦同。

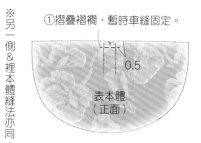

①摺疊褶襉，暫時車縫固定。
0.5
表本體（正面）

2.製作表本體

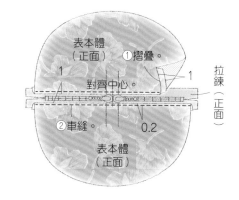

①摺疊。
對齊中心。
表本體（正面）
拉鍊（正面）
1
②車縫。
0.2
表本體（正面）

3.製作＆接縫肩帶

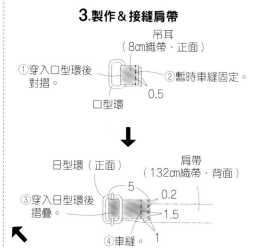

吊耳（8cm織帶・正面）
①穿入口型環後對摺。
②暫時車縫固定。
0.5
口型環

日型環（正面）
肩帶（132cm織帶・背面）
③穿入日型環後摺疊。
5
0.2
1.5
④車縫。
1

完成尺寸
寬32×高37×側身10cm

原寸紙型
無

材料
表布（棉麻帆布）135cm×65cm
裡布（棉布）100cm×90cm
拉鍊 30cm 1條／接著襯（薄）35cm×25cm
接著芯（厚）95cm×60cm／四合釦 14mm 1組
皮搭扣（寬6cm 高10.5cm）1組
後背帶（寬3cm 長55至98cm）1組

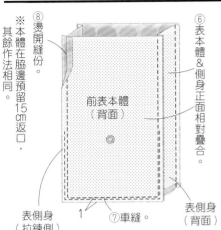

⑧燙開縫份

※本體在脇邊預留15cm返口，其餘作法相同。

⑥表本體＆側身正面相對疊合。

前表本體（背面）

表側身（拉鍊側）

1 ⑦車縫。

表側身（背面）

4.疊合表本體＆裡本體

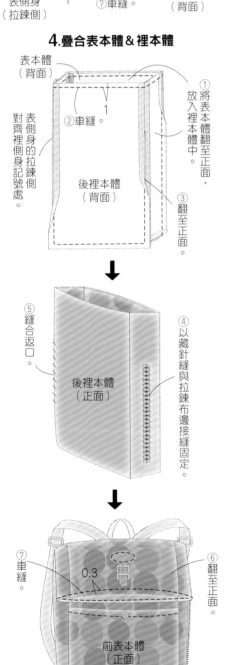

表本體（背面）

②車縫。

①將表本體翻至正面，放入裡本體中。

表側身對齊裡側身的拉鍊側記號處。

後裡本體（背面）

③翻至正面。

⑤縫合返口。

後裡本體（正面）

④以藏針縫與拉鍊布邊接縫固定。

⑦車縫。

0.3

前表本體（正面）

⑥翻至正面。

2.製作表本體

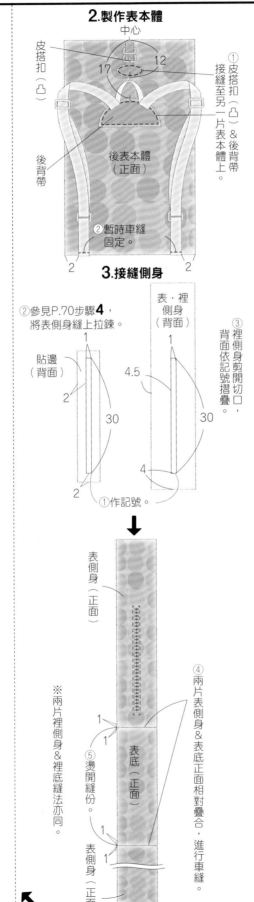

中心

皮搭扣（凸）

17 12

後背帶

①皮搭扣（凸）＆後背帶接縫至另一片表本體上。

後表本體（正面）

②暫時車縫固定。

2 2

3.接縫側身

②參見P.70步驟**4**，將表側身縫上拉鍊。

貼邊（背面）

2

30

①作記號。

表・裡側身（背面）

1

4.5

30

4

2

③裡側身剪開切口，背面依記號摺疊。

表側身（正面）

④兩片表側身＆表底正面相對疊合，進行車縫。

1
1

表底（正面）

1

⑤燙開縫份。

表側身（正面）

1

※兩片裡側身＆裡底縫法亦同。

裁布圖

※標示的尺寸已含縫份。
※ ▢ 處需於背面燙貼厚接著襯。
※ ▢ 處需於背面燙貼薄接著襯。

表布（正面）

34 12   12 表底

65cm 34

表本體 表側身 54   25 表口袋

摺雙

135cm

裡布（正面）

34 12

90cm 裡本體 裡側身 54

摺雙

剪開後重新摺疊。

12 裡底
34 34
34 貼邊
23 裡口袋
5

100cm

1.製作口袋

②依1cm→1cm寬度三摺邊車縫。

0.2 1 1

裡口袋（正面）

①表・裡口袋背面相對疊合。

表口袋（背面）

⑤縫上皮搭扣（凸）。

④表本體裝上四合釦。

中心 3 1.2

前表本體（正面）

③將本體疊放於表本體上，暫時車縫固定。

表口袋（正面）

0.5

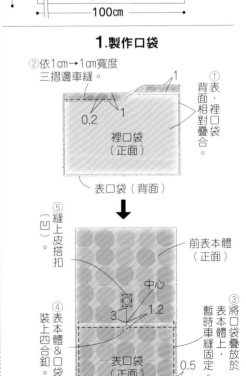

完成尺寸	材料
寬35×高25×側身16cm	**表布**（棉麻布）95cm×95cm／**裡布**（棉布）75cm×95cm
原寸紙型	**接著襯**（極厚）75cm×95cm
B面	**雙開拉練** 40cm 1條
	壓克力棉織帶 寬3cm 220cm

裁布圖

※除了本體之外皆無原寸紙型，
　請依標示的尺寸（已含縫份）直接裁剪。
※▨▨處需於背面燙貼接著襯。

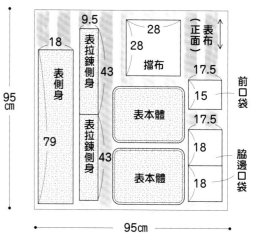

裁布圖（裡布 75cm）
- 裡側身 18 / 79
- 裡拉鍊側身 9.5 / 43 / 43
- 裡本體（正面）

裁布圖（表布 95cm）
- 表側身 18 / 79
- 表拉鍊側身 9.5 / 43 / 43
- 擋布 28 / 28
- 表本體
- 前口袋 17.5 / 15
- 脇邊口袋 17.5 / 18 / 18

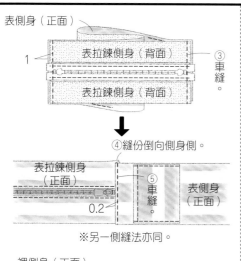

表側身（正面）
表拉鍊側身（背面）
1
③車縫。
表拉鍊側身（背面）

④縫份倒向側身側。

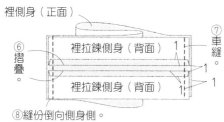

表拉鍊側身（正面）
表側身（正面）
⑤車縫。
0.2

※另一側縫法亦同。

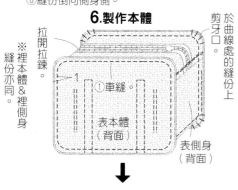

裡側身（正面）
⑥摺疊。
裡拉鍊側身（背面）　1
裡拉鍊側身（背面）　1
⑦車縫。
1　1

⑧縫份倒向側身側。

6.製作本體

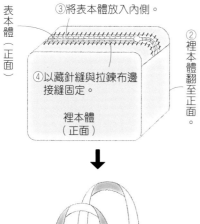

拉開拉鍊
於曲線處的縫份上剪牙口。
※裡本體＆裡側身縫份亦同。
①車縫。
表本體（背面）
1
表側身（背面）

③將表本體放入內側。

表本體（正面）
②裡本體翻至正面。
④以藏針縫與拉鍊布邊接縫固定。
裡本體（正面）

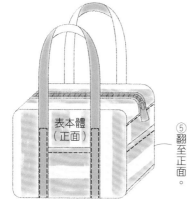

表本體（正面）
⑤翻至正面。

④車縫。　0.2
擋布（正面）
③翻至正面。

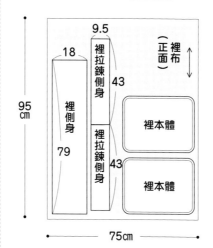

無口袋側
表本體（正面）
8
0.2
擋布（正面）
0.5
⑤車縫。
中心

4.縫上脇邊口袋

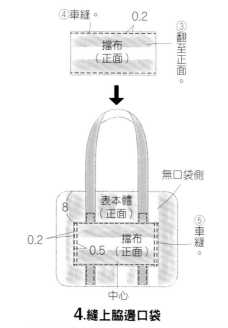

脇邊口袋（正面）
0.5
③暫時車縫固定。
表側身（正面）
②向上翻。
19.5
脇邊口袋（背面）
①車縫。
1

※另一側同樣接縫上口袋。

5.接縫側身

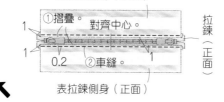

表拉鍊側身（正面）
①摺疊。　對齊中心。
1
1
拉鍊
0.2　②車縫。　1
表拉鍊側身（正面）
表側身（正面）

1.製作口袋

①依1cm→1.5cm寬度三摺邊。

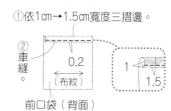

②車縫。　0.2
（布紋）
前口袋（背面）
1
1.5
※兩片脇邊口袋縫法亦同。

2.接縫提把

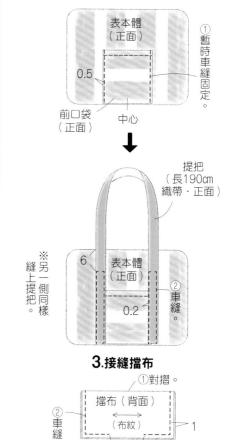

表本體（正面）
前口袋（正面）
0.5
①暫時車縫固定。
中心

提把（長190cm織帶·正面）

表本體（正面）
6
②車縫。
0.2
※另一側同樣縫上提把。

3.接縫擋布

①對摺。
擋布（背面）
（布紋）
②車縫。　1
返口8cm

完成尺寸
寬34×高20×側身8cm

原寸紙型
無

材料
表布（棉麻帆布・高布林織布）110cm×50cm

裡布（棉布）110cm×45cm／四合釦 14mm 1組

壓克力棉織帶 寬2.5cm 70cm

接著襯（厚）75cm×50cm（僅No.56）

P.27_ NO.**56**
P.47_ NO.**71**
袋中袋

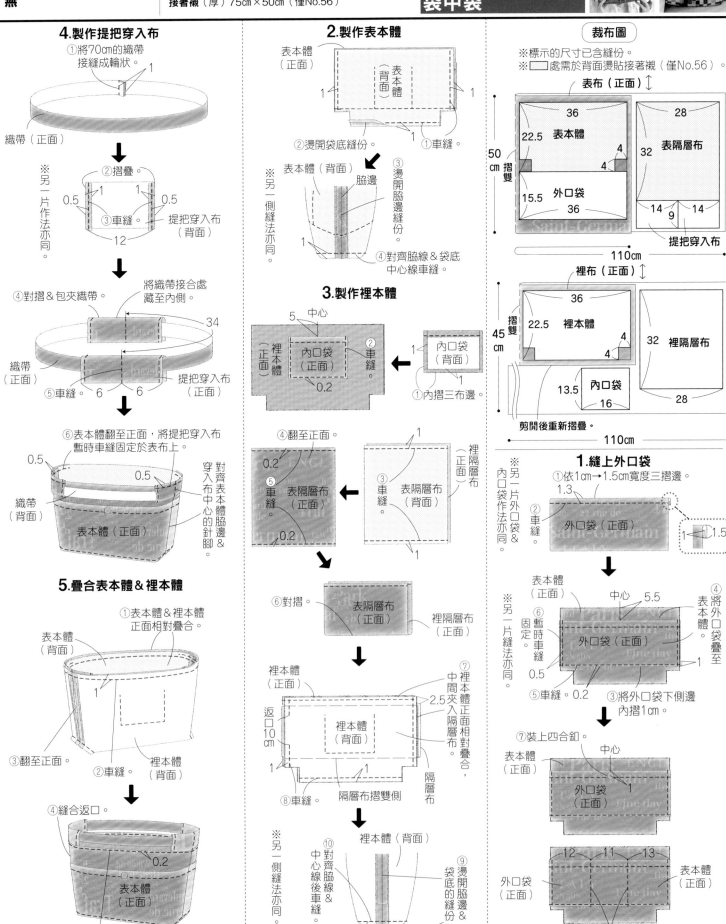

4.製作提把穿入布
①將70cm的織帶接縫成輪狀。
織帶（正面）
※另一片作法亦同。
②摺疊
③車縫
提把穿入布（背面）
0.5 0.5
12
④對摺&包夾織帶。
將織帶接合處藏至內側。
34
織帶（正面）
提把穿入布（正面）
⑤車縫。 6 6
⑥表本體翻至正面，將提把穿入布暫時車縫固定於表布上。
0.5 0.5
織帶（背面）
對齊表本體脅邊&穿入布中心的針腳。
表本體（正面）

5.疊合表本體&裡本體
①表本體&裡本體正面相對疊合。
表本體（背面）
③翻至正面。 ②車縫。
裡本體（背面）
④縫合返口。
0.2
表本體（正面）
⑤車縫。

2.製作表本體
表本體（正面）
表本體（背面）
①車縫。
②燙開袋底縫份。
表本體（背面）
脅邊
③燙開脅邊縫份。
※另一側縫法亦同。
④對齊脅線&袋底中心線車縫。

3.製作裡本體
中心 5
裡本體（正面）
內口袋（正面）
②車縫。
0.2
內口袋（背面）
①內摺三布邊
④翻至正面。
0.2
⑤重縫
表隔層布（正面）
0.2
裡隔層布（正面）
③車縫。
表隔層布（背面）
⑥對摺。
表隔層布（正面）
裡隔層布（正面）
⑦裡本體正面相對疊合，中間夾入隔層布。
裡本體（正面）
返口 10cm 2.5
裡本體（背面）
隔層布
⑧車縫。 隔層布摺雙側
※另一側縫法亦同。
⑩對齊脅線&袋底中心線後車縫。
裡本體（背面）
⑨燙開脅邊&袋底的縫份。

裁布圖
※標示的尺寸已含縫份。
※□處需於背面燙貼接著襯（僅No.56）。

表布（正面）
36
22.5 表本體
15.5
外口袋
36
50cm 摺雙
28
表隔層布
32
4 4
14 9 14
提把穿入布
110cm

裡布（正面）
36
22.5 裡本體
45cm 摺雙
4 4
32 裡隔層布
內口袋
13.5
16
28
剪開後重新摺疊。
110cm

1.縫上外口袋
①依1cm→1.5cm寬度三摺邊。
1.3
②車縫 外口袋（正面）
1 1.5
※另一片外口袋&內口袋作法亦同。
表本體（正面）
中心 5.5
⑥暫時車縫固定
外口袋（正面）
0.5
⑤車縫。 0.2
④將外口袋疊至表本體。
③將外口袋下側邊內摺1cm。
⑦裝上四合釦。
表本體（正面）
中心
外口袋（正面）
12 11 13
外口袋
表本體（正面）
⑧車縫。

100

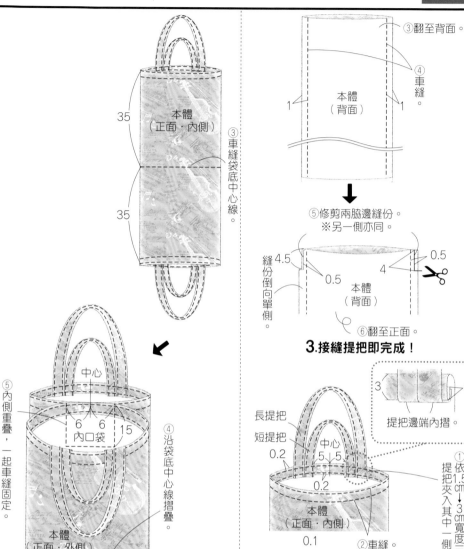

本體（正面・內側）
35
35

③車縫袋底中心線。

本體（背面）
③翻至背面。
④車縫。
1
1

⑤修剪兩脇邊縫份。
※另一側亦同。

4.5
0.5
0.5
4
縫份倒向單側。
本體（背面）

⑥翻至正面。

3.接縫提把即完成！

3
1.5
提把邊端內摺。

長提把
短提把
0.2
中心
5 5
0.2
本體（正面・內側）
0.1
②車縫。

①依1.5cm×3cm寬度三摺邊，提把1.5cm夾入其中一側。

※其餘兩條長、短提把也夾入另一側車縫固定。

中心
⑤內側重疊，一起車縫固定。
6 6 15
內口袋
④沿袋底中心線摺疊。
本體（正面・外側）

※標示的尺寸已含縫份。

表布（正面）↕

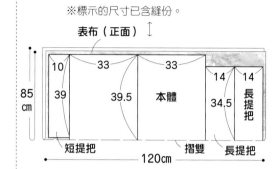

10	33		33		14	14
85 cm						
39	39.5	本體		34.5	長提把	
短提把		摺雙			長提把	

120cm

1.製作提把

①摺四褶。
0.2
0.2
②車縫。 短提把（正面）

※另一條短提把＆兩條長提把作法亦同。

2.製作本體

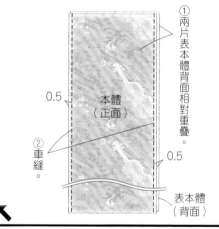

①兩片表本體背面相對重疊。
0.5
本體（正面）
②車縫。
0.5
表本體（背面）

4.疊合表本體＆裡本體

①將表本體放入裡本體中。
表本體（背面）
1
②車縫
裡本體（背面）

※裡本體在脇邊預留7㎝返口，其餘作法相同。

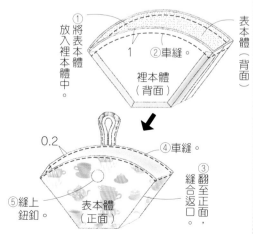

0.2
④車縫。
③翻至正面縫合返口。
⑤縫上鈕釦。
表本體（正面）

3.製作本體

表本體（正面）
表本體（背面）
對齊合印
②燙開縫份。
1
①車縫。
表側身（背面）

⑤暫時車縫固定。

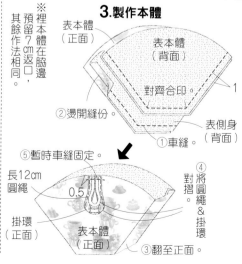

長12cm圓繩
0.5
掛環（正面）
④對摺
④將圓繩＆掛環③翻至正面。
表本體（正面）

1.裁布

①裁布後於表本體＆表側身背面燙貼接著襯。

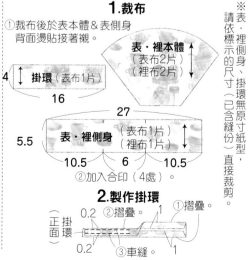

表・裡本體（表布2片）（裡布2片）
4
掛環（表布1片）
16

27
表・裡側身（表布1片）（裡布1片）
5.5
10.5 6 10.5
②加入合印。（4處）

2.製作掛環

①摺疊。
正面 掛環
0.2 ②摺疊。
0.2 ③車縫。
1

※表・裡側身、掛環無原寸紙型，請依標示的尺寸（已含縫份）直接裁剪。

完成尺寸	材料
寬43×高44cm	**表布**（8號帆布）55cm×100cm／**裡布**（棉布）75cm×100cm

接著襯（薄）25cm×10cm／**皮革** 20cm×10cm
FLATKNIT拉鍊 20cm 1條
合成皮斜布條 寬2.2cm 90cm
合成皮提把（粗0.8cm 長42至62cm）1組
押釦12mm1組

原寸紙型
B面

3.疊合表‧裡本體

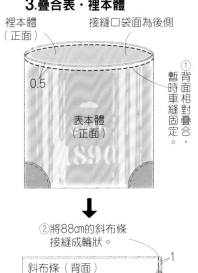

裡本體（正面）
接縫口袋面為後側
0.5
表本體（正面）
①背面相對疊合，暫時車縫固定。

↓

②將88cm的斜布條接縫成輪狀。
斜布條（背面）
1
③燙開縫份。

↓

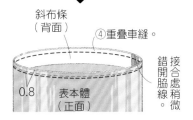

斜布條（背面）
④重疊車縫。
0.8
表本體（正面）
接合處稍微錯開脇線。

↓

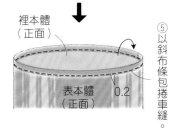

裡本體（正面）
表本體（正面）
0.2
⑤以斜布條包捲車縫。

4.接縫提把

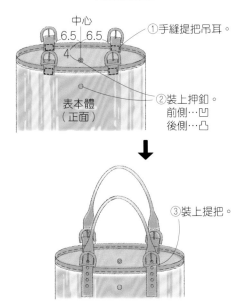

中心
6.5 6.5
4
①手縫提把吊耳。
表本體（正面）
②裝上押釦。
前側…凹
後側…凸
③裝上提把。

裁布圖

※除皮革角片之外皆無原寸紙型，裁剪。
　請依標示的尺寸（已含縫份）直接裁剪。

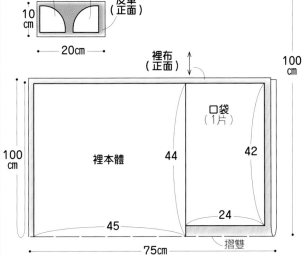

皮革角片
將紙型翻面。
皮革（正面）
10cm
20cm

裡布（正面）
口袋（1片）
42
裡本體
44
100cm
24
45
75cm
摺雙

表布（正面）
表本體 45
表本體 45
45
100cm
55cm

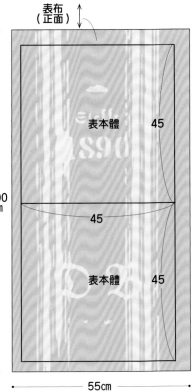

2.製作裡本體

②在口袋口作記號。
中心
2.5
1.5
20
口袋（背面）

中心
10.5 12
1.5 5.5
20
23
裡本體（背面）
①燙貼接著襯。

③參見P.70步驟**4**，車縫拉鍊口袋。

↓

⑥燙開縫份。
⑤車縫。
口袋（背面）
裡本體（背面）
1
1
④對摺。

1.製作表本體

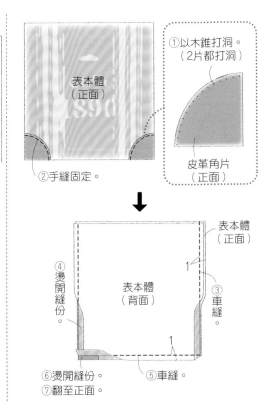

表本體（正面）
①以木錐打洞。（2片都打洞）
②手縫固定。
皮革角片（正面）

↓

表本體（正面）
④燙開縫份。
表本體（背面）
③車縫
1
⑥燙開縫份。
⑤車縫。
⑦翻至正面。
1

寬48×高25×側身14cm
（不含束口布）

原寸紙型

無

材料

表布（8號帆布）108cm×60cm

配布（棉布）110cm×40cm

人字帶 寬2.5cm 30cm

圓繩 粗0.5cm 240cm

P.44_
NO. **67**
束口提袋

5.接縫束口布

①本體＆束口布正面相對疊合。

本體（背面）

③兩片一起進行
Z字形車縫。 1

②車縫。

束口布
（背面）

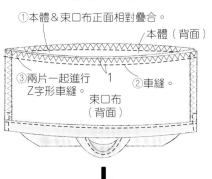

2.5 本體（正面）

0.2

束口布
（正面）

縫份倒向束口布側。

④摺疊。

提把（正面）

⑤車縫。 0.2 ⑥車縫。

束口布
（正面）

本體（背面）

0.2 ⑥ ⑤
0.2 ❷ ❸ ❶ ❹ 0.2

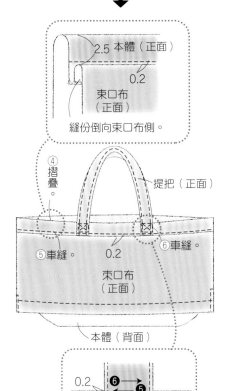

束口繩穿法

提把（正面）

⑦穿入2條長120cm圓繩。

束口布
（正面）

本體
（正面）

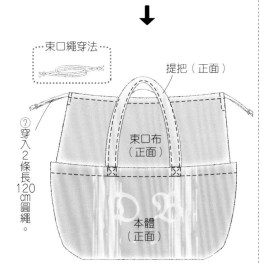

本體（正面）

本體
（背面）

④車縫。 1

※縫份倒向單側。

※另一側縫法亦同。並使縫份倒向不同於袋底的相反側。

1

⑦車縫。

本體
（背面）

本體
（正面）

⑤車縫。 0.5

⑥翻至背面。

本體
（正面）

本體
（背面）

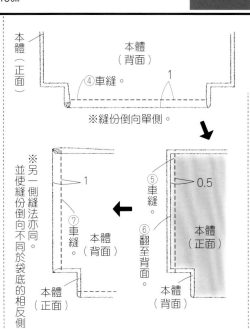

3.車縫側身

本體
（背面）

對齊脇線＆袋底線。

①車縫。

2

人字帶
（正面）

14cm人字帶（背面）

1

1 ②摺疊。

③對摺。

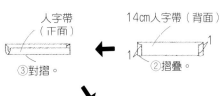

0.2

⑤車縫。

人字帶（正面）

④以人字帶包夾縫份。

※另一側作法亦同。

4.接縫提把

②對摺。 ①摺疊。

0.2

1

③車縫。 0.2 提把（背面）

※另一片作法亦同。

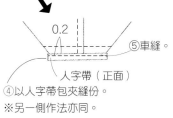

④暫時車縫固定。

中心

0.5 7 0.5

本體
（正面）

提把
（正面）

※另一側也以相同作法接縫。

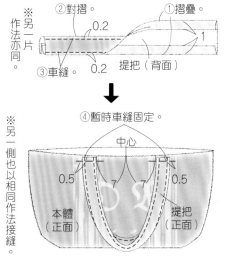

※標示的尺寸已含縫份。

※使用圖案布時，取無圖案的部分縫製提把。

表布
（正面）

8 提把
8 提把
30

51

本體

37

6.5
6.5

60cm

摺雙

108cm

配布（正面）

50

束口布

29

40cm

摺雙

110cm

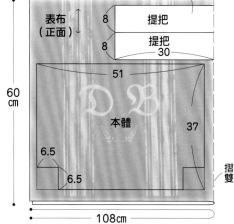

1.製作束口布

束口布（正面）

③燙開縫份。 開口止點

束口布
（背面）

開口止點

①Z字形車縫。

②車縫。

1

⑥依1cm→2cm寬度三摺邊。

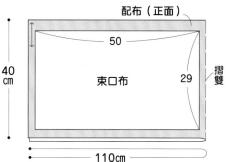

0.5

0.2

④車縫。

束口布
（背面）

開口止點

⑦車縫。

⑤車縫2至3次。

束口布
（背面）

脇邊

※另一側開口止點縫法亦同。

2.製作本體

本體
（背面）

本體
（正面）

0.5

③翻至背面。

②車縫。

①本體背面相對疊合。

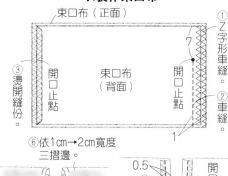

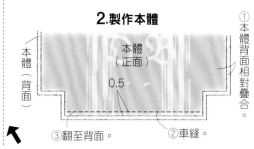

完成尺寸	材料
寬29×高30×側身12cm	表布（8號帆布）50cm×100cm
	裡布（棉布）110cm×50cm／配布（合成皮）50cm×30cm
原寸紙型	口金（高9cm 寬24cm）1個
B面	織帶 寬3.5cm 175cm／固定釦 5mm 8組

3.製作本體

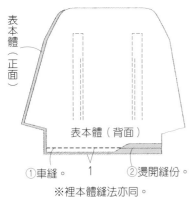

①車縫。 1 ②燙開縫份。
※裡本體縫法亦同。

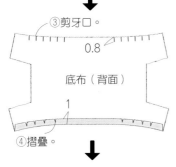

③剪牙口。 0.8
底布（背面）
1
④摺疊。

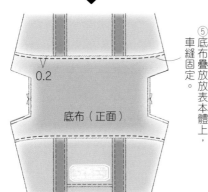

0.2
底布（正面）
⑤底布疊放放表本體上，車縫固定。

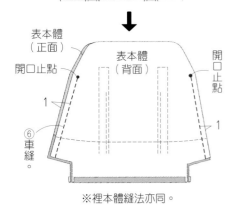

表本體（正面）
開口止點 表本體（背面） 開口止點
1
⑥車縫。 1
※裡本體縫法亦同。

⑦燙開縫份。
⑧車縫。 1
對齊脇線＆袋底中心線。
表本體（背面）
※另一側＆裡本體作法亦同。

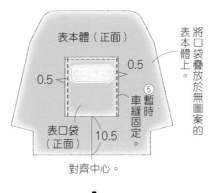

表本體（正面）
0.5 0.5
表口袋（正面）
10.5
⑤暫時車縫固定。
對齊中心。
將口袋疊放於無圖案的表本體上。

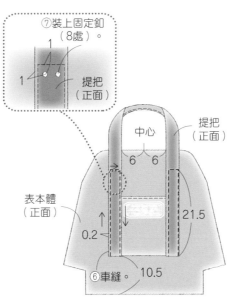

⑦裝上固定釦（8處）。
1 1
提把（正面）
中心
6 6
表本體（正面）
0.2
21.5
⑥車縫。 10.5
※另一側作法亦同。

2.縫上內口袋

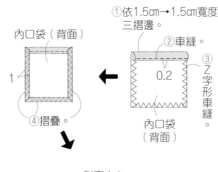

①依1.5cm→1.5cm寬度三摺邊。
內口袋（背面）
1
②車縫。 0.2
③Z字形車縫。
④摺疊。
內口袋（背面）

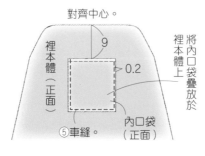

對齊中心。
9
裡本體（正面）
0.2
⑤車縫。
內口袋（正面）
將內口袋疊放於裡本體上。

裁布圖

※表·裡口袋、內口袋無原寸紙型，請依標示的尺寸（已含縫份）直接裁剪。

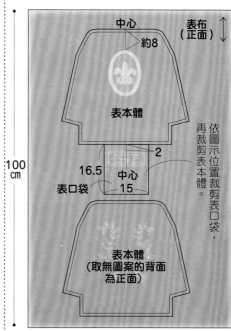

中心 約8
表布（正面）
表本體
100cm
16.5 中心 2
表口袋 15
表本體（取無圖案的背面為正面）
依圖示位置裁剪表口袋，再裁剪表本體。
50cm

裡布（正面）
50cm
裡本體
裡口袋 16.5 15
內口袋 18 15
摺雙
110cm

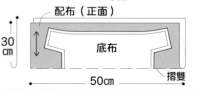

配布（正面）
30cm
底布
50cm 摺雙

1.接縫口袋＆提把

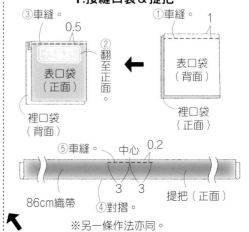

①車縫。 1
③車縫。 0.5
②翻至正面。
表口袋（正面）
表口袋（背面）
裡口袋（背面） 裡口袋（正面）
⑤車縫。 中心 0.2
86cm織帶
3 3
④對摺。 提把（正面）
※另一條作法亦同。

5.安裝口金

① 參見P.17裝上口金。

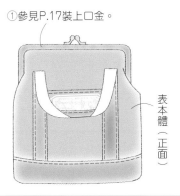

表本體（正面）

4.疊合表本體＆裡本體

② 在兩止縫點之間進行車縫。

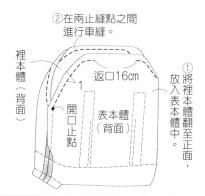

裡本體（背面）

返口16cm

開口止點

表本體（背面）

① 將裡本體翻至正面，放入表本體中。

---

④ 內摺返口縫份。
⑤ 車縫。
0.2
③ 翻至正面。

裡本體（正面）

避開提把。

表本體（正面）

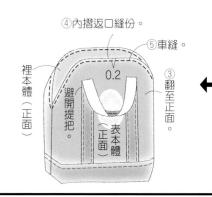

完成尺寸	材料	**P.37_ NO.60**

完成尺寸
寬30×高25（15）×側身9cm（摺疊時）

原寸紙型
無

材料
表布（棉質牛津布）150cm×35cm
裡布（棉布）110cm×35cm
接著襯（軟）92cm×35cm
織帶 寬2.5cm 150cm／包用底板 25cm×10cm

P.37_
NO.60
2way托持包

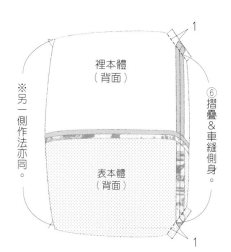

裡本體（背面）

表本體（背面）

※另一側作法亦同。

⑥ 摺疊＆車縫側身。

1

1

3.完成！

③ 從返口塞入底板。

20.5
底板
8.5

剪圓邊角。

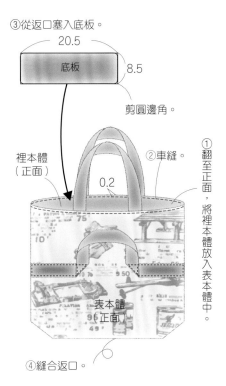

裡本體（正面）

0.2

② 車縫。

① 翻至正面，將裡本體放入表本體中。

表本體（正面）

④ 縫合返口。

0.5 中心
② 暫時車縫固定織帶（27cm）。

4.5 4.5

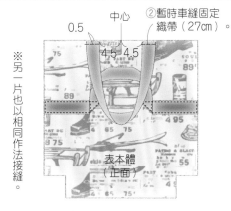

表本體（正面）

※另一片也以相同作法接縫。

2.疊合表本體＆裡本體

裡本體（正面）
① 車縫。

1

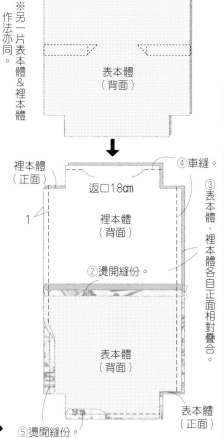

※另一片表本體＆裡本體作法亦同。

表本體（背面）

裡本體（正面）
返口18cm
④ 車縫。

1

裡本體（背面）

② 燙開縫份。

③ 表本體・裡本體各自正面相對疊合。

表本體（背面）

⑤ 燙開縫份。

表本體（正面）

裁布圖

※標示的尺寸已含縫份。
※▨▨處需於背面燙貼接著襯（僅表本體）

表・裡布（正面）
※裡布裁法亦同。

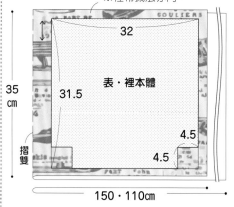

32
表・裡本體
31.5
4.5
4.5

35cm

摺雙

150・110cm

1.接縫提把

0.2

織帶（44cm）

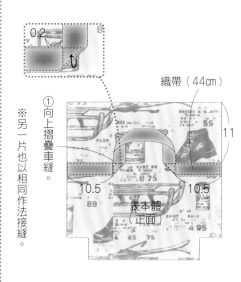

① 向上摺疊車縫。

11

10.5   10.5

表本體（正面）

※另一片也以相同作法接縫。

111

完成尺寸	材料（■…No.76・■…No.77・■…共用）	P.51_ NO **76** 水桶包（L）
No.76　高26×袋底直徑26cm	表布（10號石蠟帆布）90cm×150cm・70cm×25cm	
No.77　高14.5×袋底直徑14cm	配布A（11號帆布）80cm×35cm・55cm×20cm	P.51_ NO **77** 水桶包（S）
原寸紙型	配布B（11號帆布）40cm×25cm・30cm×15cm	
B面	裡布（尼龍布cebonner）90cm×55cm・70cm×20cm	
	雞眼釦 內徑10mm・8mm 2組／棉繩 粗0.6cm 80cm	
	問號鉤 15mm 1個／D型環 15mm 1個	

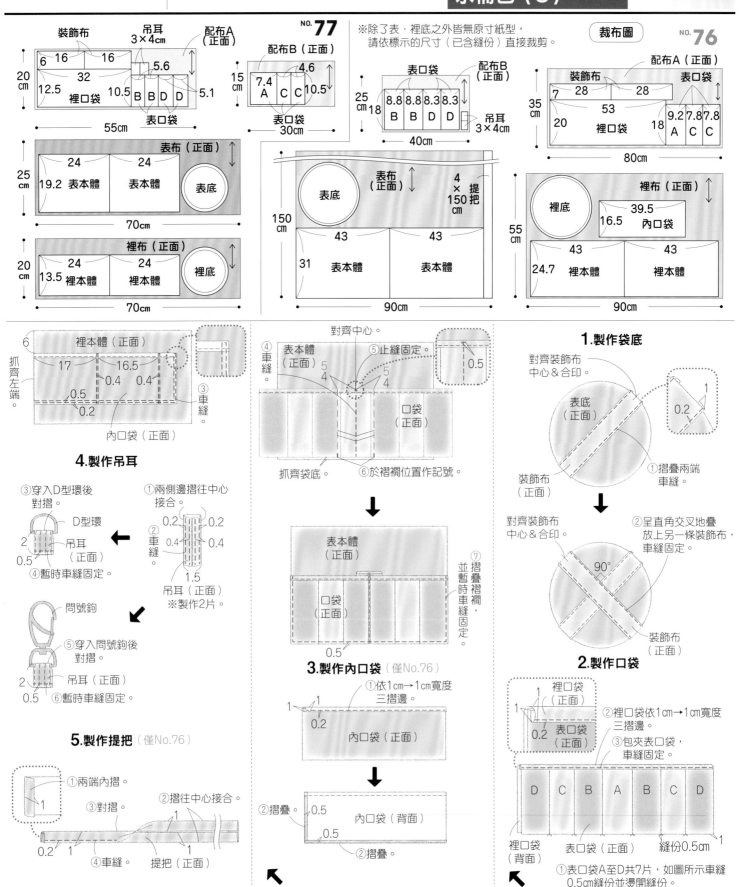

NO.77

※除了表・裡底之外皆無原寸紙型，請依標示的尺寸（已含縫份）直接裁剪。

裁布圖 NO.76

1.製作袋底

2.製作口袋

3.製作內口袋（僅No.76）

4.製作吊耳

5.製作提把（僅No.76）

6.製作裡本體＆表本體

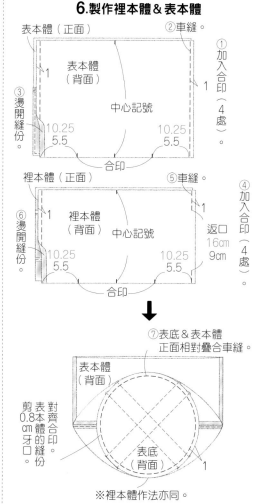

表本體（正面）
①車縫。
表本體（背面）
③燙開縫份
1
中心記號
10.25　5.5
10.25　5.5
合印
②加入合印（4處）

裡本體（正面）
⑤車縫。
裡本體（背面）
⑥燙開縫份。
1
中心記號
10.25　5.5
10.25　5.5
返口 16cm 9cm
合印
④加入合印（4處）

⑦表底＆表本體正面相對疊合車縫。
表本體（背面）
對齊合印
剪0.8cm牙口
表本體的縫份
表底（背面）
1

※裡本體作法亦同。

7.疊合表本體＆裡本體

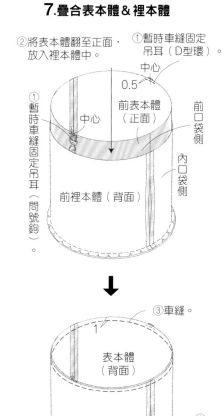

②將表本體翻至正面，放入裡本體中。
①暫時車縫固定吊耳（D型環）。
中心
0.5
中心
前表本體（正面）
前口袋側
內口袋側
①暫時車縫固定吊耳（問號鉤）
前裡本體（背面）

③車縫。
表本體（背面）
1
裡本體（背面）
④翻至正面，縫合返口。

8.完成！

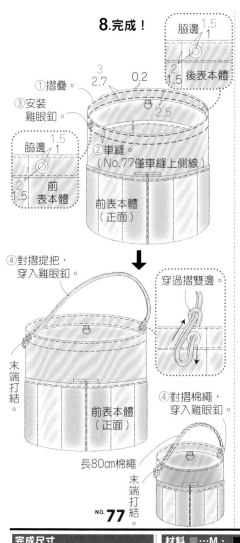

脇邊 1.5　1
後表本體 2　1.5
①摺疊。
3　2.7　0.2
2.5
③安裝雞眼釦。
脇邊 1.5　1
前表本體 2　1.5
②車縫。（No.77僅車縫上側線）
前表本體（正面）

④對摺提把，穿入雞眼釦。
穿過摺雙邊
末端打結。
前表本體（正面）

④對摺棉繩，穿入雞眼釦。
長80cm棉繩
末端打結。

NO. 77

完成尺寸	材料 ▨…M・ ■…L・ ▧…共用	
M…寬15×高11×側身7cm	表布（棉麻牛津布）150cm×20cm・30cm	P.38_ **NO 62**
L…寬15×高15×側身7cm	裡布（棉布）110cm×20cm・30cm	**彈片口金波奇包M・L**
原寸紙型	接著襯（軟）92cm×20cm・30cm	
A面	彈片口金 寬15cm 1個	

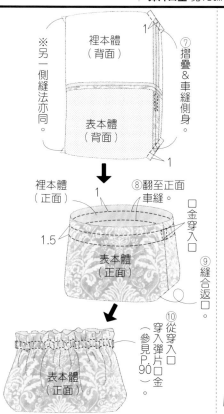

裡本體（背面）
1
⑦摺疊＆車縫側身。
※另一側縫法亦同。
表本體（背面）

裡本體（正面）
1
⑧翻至正面車縫。
1.5
表本體（正面）
□金穿入口
⑨縫合返口
⑩從穿入口穿入彈片口金（參見P.90）
表本體（正面）

7.疊合表本體＆裡本體（diagram）

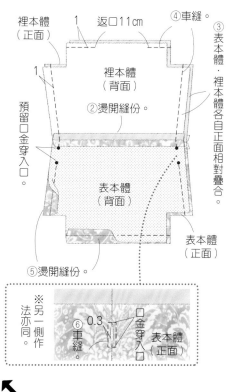

裡本體（背面）
1
返口11cm
④車縫。
裡本體（背面）
②燙開縫份。
預留口金穿入口
③表本體・裡本體各自正面相對疊合。
表本體（背面）
⑤燙開縫份。
表本體（正面）

※另一側作法亦同。
0.3
⑥車縫
□金穿入口
表本體（正面）

裁布圖

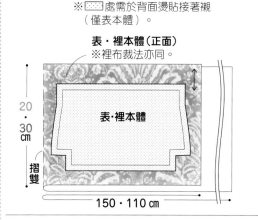

※▨處需於背面燙貼接著襯（僅表本體）。

表・裡本體（正面）
※裡布裁法亦同。
20・30cm
摺雙
表・裡本體
150・110cm

1.疊合表本體＆裡本體

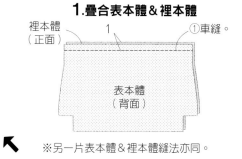

裡本體（正面）
①車縫。
1
表本體（背面）

※另一片表本體＆裡本體縫法亦同。

113

SEE YOU
NEXT
EDITION!

雅書堂　　搜尋
www.elegantbooks.com.tw

Cotton friend 手作誌
Spring Edition 2019 vol.44

愛上春暖氣息の手作布調
從挑選活潑討喜的布料開始，
享受為隨身布小物、手作包注入靈魂的瞬間！

作者	BOUTIQUE-SHA
譯者	彭小玲・周欣芃・瞿中蓮
社長	詹慶和
總編輯	蔡麗玲
執行編輯	陳姿伶
編輯	蔡毓玲・劉蕙寧・黃璟安・李宛真・陳昕儀
美術編輯	陳麗娜・周盈汝・韓欣恬
內頁排版	陳麗娜・造極彩色印刷
出版者	雅書堂文化事業有限公司
發行者	雅書堂文化事業有限公司
郵政劃撥帳號	18225950
郵政劃撥戶名	雅書堂文化事業有限公司
地址	新北市板橋區板新路 206 號 3 樓
網址	www.elegantbooks.com.tw
電子郵件	elegant.books@msa.hinet.net
電話	(02)8952-4078
傳真	(02)8952-4084

2019 年 3 月初版一刷　定價／ 350 元

國家圖書館出版品預行編目 (CIP) 資料

愛上春暖氣息の手作布調：從挑選活潑討喜的布料開始，
享受為隨身布小物、手作包注入靈魂的瞬間！/
BOUTIQUE-SHA 著；瞿中蓮，彭小玲，周欣芃譯.
-- 初版 . -- 新北市：雅書堂文化，2019.03
　面；　公分 . -- (Cotton friend 手作誌；44)
ISBN 978-986-302-483-5(平裝)

1. 手工藝

426.7　　　　　　　　　　108002805

STAFF 日文原書製作團隊

編輯長	根本さやか
編輯	渡辺千帆里　川島順子
編輯協力	竹林里和子
攝影	回里純子　腰塚良彥　藤田律子
造型	西森 萌
妝髮	タニ ジュンコ
視覺＆排版	みうらしゅう子　牧 陽子　松本真由美
繪圖	飯沼千晶　澤井清絵　為季法子　並木 愛　三島惠子 中村有理　星野喜久代
紙型描圖	長浜恭子
紙型製作	山科文子
校對	澤井清絵

經銷／易可數位行銷股份有限公司
地址／新北市新店區寶橋路 235 巷 6 弄 3 號 5 樓
電話／ (02)8911-0825
傳真／ (02)8911-0801